·元气满满下午茶系列·

CHOCOLATE BEVERAGES

手冲热巧克力

[韩] 白承桓 著

李玉洁 译

中国轻工业出版社

图书在版编目（CIP）数据

手冲热巧克力 /（韩）白承桓著；李玉洁译. —北京：中国轻工业出版社，2020.12

（元气满满下午茶系列）

ISBN 978-7-5184-3249-3

Ⅰ.①手… Ⅱ.①白… ②李… Ⅲ.①巧克力饮料 Ⅳ.① TS274

中国版本图书馆 CIP 数据核字（2020）第 209046 号

策划编辑：江 娟

责任编辑：江 娟 靳雅帅　　责任终审：张乃东　　封面设计：奇文云海

版式设计：锋尚设计　　　　责任校对：晋 洁　　责任监印：张 可

出版发行：中国轻工业出版社（北京东长安街6号，邮编：100740）

印　　刷：北京博海升彩色印刷有限公司

经　　销：各地新华书店

版　　次：2020年12月第1版第1次印刷

开　　本：720×1000　1/16　印张：13.5

字　　数：65千字

书　　号：ISBN 978-7-5184-3249-3　定价：68.00元

邮购电话：010-65241695

发行电话：010-85119835　传真：85113293

网　　址：http://www.chlip.com.cn

Email：club@chlip.com.cn

如发现图书残缺请与我社邮购联系调换

200503S1X101ZYW

手冲热巧克力

咖啡店的40道纯正巧克力饮品配方

作者的话

我做调酒师的时候，有次偶然经过家巧克力咖啡店（高英珠老师的CACAOBOOM），喝了杯巧克力饮品，从此，便陷入巧克力的魅力中无法自拔。我被这种不同于鸡尾酒或其他酒类的饮品强烈地吸引着，我很好奇："巧克力饮品到底是个什么东西？""为什么用巧克力做其他饮品这么难？"如果答案和巧克力本身有关，那我通宵达旦也要自学弄明白。十多年后的这本书是我个人的好奇心大致得到满足后整理出的成果，也算是我独自经营咖啡店将近1万个小时的记录吧。

虽然，我大可随便在家里凭兴趣爱好弄几个配方出来，通过出书的方式介绍给大家，但是，我不想用没有亲身经历的东西写文章。饮品做得再好，放到市场上是否能得到好的反应，没有直接销售，未听到客户反馈之前，这都是未知的事。此外，开咖啡店这件事在外人看来可能是非常优雅光鲜的，不过等你真的投身其中时，那种辛苦会让你时刻想要逃离，相信有过这种经历的人一定会非常有同感。从开咖啡店的瞬间开始，不仅要跟方圆50米内的许多咖啡店竞争，而且作为生存手段，还得不断想着如何改进配方。

从此，我便不再是单纯的职员，而是从咖啡店开始到结束，所有事情都要亲力亲为的老板。我每天凌晨起床开始运动，这样可以有充沛的体力去支撑一天14小时的工作。早上8点咖啡店开门，一直营业到很晚结束。就这样，我正式开始了繁忙的生活。与此同时，我也暗自决定把运营咖啡店获得的经验和想法总结和记录下来，说不定什么时候会变成写书的素材。

起初，为了寻找首尔新沙洞一带咖啡店更替频繁的原因，我试着经营了加盟型连锁咖啡店，观察消费者的反应。之后，我在连锁咖啡店比比皆是的庆熙大学附近，开设了Le Chocolat咖啡店。我尝试了各种方法，以寻求与现有咖啡店的差异化经营。

说起来很讽刺的是，在出版这本书时，我并不想把传授配方作为唯一的目的。本书所介绍的每种饮品都是我和顾客之间发生的"特别关系所创造的特别结果"。因此，在自己经营的空间里，顾客找上门时，如何维系这段关系是更加重要的事情。本书中登场的顾客们都在Le Chocolat咖啡店留下了美好的回忆，至今都还和我保持着良好的关系。如果说我个人有什么期许的话，那就是希望读者在读完本书后，能够有"咖啡店是经营者和顾客一起打造的空间""咖啡店的人气是顾客带起来的"这样的感触。

Le Chocolat咖啡店的收银台上一直写着下面这段话。

"Le Chocolat的所有饮品，除了咖啡，制作的时间都需要5分钟以上。我们认为想要制作一杯跟一顿饭价格差不多的饮品，这点时间和心思已是最低要求。饮品也是料理。"

读者在参考和借鉴本书内容时，情况和我肯定是大不相同的。但可以肯定的是，用好的材料精心制作的饮品，顾客会最先分辨出来。本书中收录的配方是加盟型连锁咖啡店很难采用的。这是因为，大部分加盟型连锁咖啡店为了降低成本，会选择用廉价的材料来制作饮品，所以，采用本书中推荐的配方不太划算。目前，韩国现有的咖啡店数量在8万多家，处于饱和状态。任何人用一天的时间就可以熟练掌握用几种简单的材料制作饮品的方法，谁都能做出个差不多的味道来。同时，与其他行业相比，行业门槛不断降低也是原因之一。在如此恶劣的经营环境下，个人咖啡店的经营者如果能够致力于使用好的材料来制作饮品，使最终的成品超出顾客的期待，顾客是愿意为此买单，并经常到店里享用饮品的。

我的第一本书《黑巧克力的故事》是为了介绍真正的巧克力是什么，而这第二本书《手冲热巧克力》则是旨在广泛宣传如何用真正的巧克力制作高级饮品，而非用糖粉或糖浆等"糖类加工品"制作"巧克力味"的饮品。

真心期望通过本书让经营咖啡店的人得到启发，希望本书可以成为他们"通过诚实的劳动获得正当回报的高级菜单"，并使消费者具有可以分辨出"真正的巧克力所带来的慰藉"的眼光。

同时，也希望本书对喜欢研究巧克力的人有些许帮助。

我认为写书是人生长河中一件非常微不足道的事情，但是通过写书却可以留下许多美好的回忆。经营Le Chocolat咖啡店的这段时间，是我在制作巧克力饮品的这条道路上最幸福的一段时光。本书多处记载了我经营咖啡店时，和很多有缘人的美好回忆，我想以此表达感谢。

为了本书的出版，给予了很多帮助和支持的：
CARAMELIA　李敏智
CACAOBEAN　金宝莞
CHOCOLIDIA　金贤花
LUMIERE CHOCOLATIER　李颂伊
PETITGRAND　李秀熙
DEEPORIGIN　申俊、李圣恩
BERRY CURRY BAKERY　崔真英
BOULANGERIE　尹文珠
JL DESSERT BAR　李俊源
HIDDNTASTE　禹俊锡
（株）JEWON INTERNATIONAL　崔昌熏
VALRHONA KOREA　崔英润
LES VERGERS BOIRON　禹宰延
（社）韩国国际侍酒师协会　刘秉浩
摄影师　金南宪、朴圣英
设计师　李和英
THE TABLE　朴允善

虽然没能一一给大家介绍，但是以下这些人曾为Le Chocolat提供了饮品创意。
金新星、权根浩、权五俊、李贤珉、金秀珍、李宰焕、任应彬、陈珠英、Emi、Kelly、宋荷娟、宋荷拉、宋荷妮、金康旭、Mikah、姜泰梨、李智山、金宝恩、Jessie Li、申慧英、睦恩惠、金胜延、李素英、宋雄道、李智秀、张赛纶、许多絮、金俊洪、马丽娜、李美智、都礼恩、朴宰熙、李圣俊、姜敏智、崔贤太、文胜浩、金宥珍

最后
向亲爱的父母和我的家人，
不遗余力打造Le Chocolat的锤子兄弟，
以及光顾Le Chocolat的所有顾客，
再次表示衷心的感谢。

目录

Part 06　　　　　冰巧克力配方

Part 07　巧克力鸡尾酒配方

Part 01

工具和材料

Tools & Ingredients

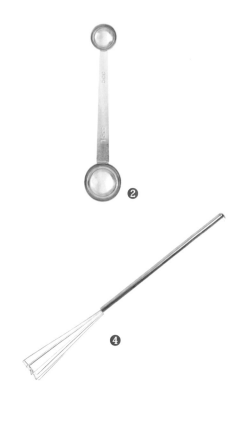

❶ 量杯

量杯是由耐热强化玻璃制成的工具，适合制作热饮。巧克力饮品是利用牛奶中蛋白质的乳化力而制成的，搅拌的过程是必不可少的。因此，相比于汤锅，在横截面积更小的量杯里，可以用更快的速度最大化地搅拌，增强巧克力与蛋白质的融合。同时，添加了碱盐（见28页脚注）的巧克力如果与不锈钢材质相遇，会导致饮品中产生金属味，量杯则很好地克服了这一缺点。

❷ 量勺

量勺是每次量取5毫升、15毫升粉末材料时使用的工具。装满内容物之后，用小棒将上面的部分除去，进行准确计量。

❸ 茶筅/茶碗

茶筅/茶碗是将抹茶粉与水一起击拂*时使用的工具。茶筅根据其竹穗根数的不同可分为60~120本，种类非常多，竹穗的根数越多，操作性越好。击拂的目的是使绿茶叶受到物理性破坏，使其主要成分儿茶素释放，香气更加浓郁。因此，茶碗的底部是细微的凹凸粗糙面会更好。

*击拂——快速搅动茶筅，产生泡沫。

❹ 三角打泡器

三角打泡器是在较窄的面积内进行快速搅拌的工具，在快速制作巧克力饮品时非常方便。但是，巧克力与不锈钢的摩擦会促进金属离子发生化学反应，因此，用玻璃材质的会更好。

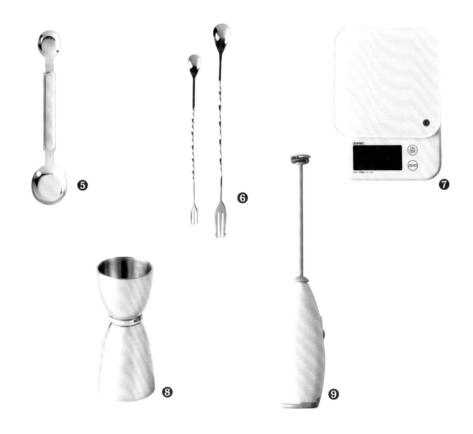

❺ 双头量勺

　　这是一种底部较宽的量勺，用于一次性取大量的粉状材料时使用。

❻ 吧勺（bar spoon）

　　吧勺通常用来量取粉末状的材料，为食物加装饰或者搅拌饮品时使用。用长的吧勺可以将调配器底部黏性较强的饮品比较方便地移到杯子里。叉的部分是在叉住柠檬切片后，移动时使用。

❼ 电子秤

　　电子秤用于准确计量辅料添加的量，或者将冰巧克力底（见119页）分成小份以后称重。

❽ 量酒器&盎司器（jigger&pony）

　　这是一种用于计量利口酒等液体材料的工具，1.5盎司以上的叫量酒器，1盎司（1盎司约28.35毫升）的叫盎司器。

❾ 奶泡器（milk foamer）

　　奶泡器通常在制作奶油装饰的饮品时使用。与电机连接转动的部分越厚，传递出的力量就越大，搅拌器与材料间的摩擦力也随之增加，可以轻易使之乳化。制作奶油时，增加含有糖分的酒精或酱类可以更加容易地增加黏性。

工具和材料

❶ 过滤器（滤网，strainer）

　　这是一种用来过滤蒸奶中泡出来的茶或香料的工具。

❷ 法式滤压壶（french press）

　　法式滤压壶一般用来提取咖啡或茶，本书中是用来将牛奶反复冲压以获得奶油般的质感。比起聚碳酸酯和不锈钢，更加推荐玻璃材质的。

❸ 手动刨丝器（擦菜板，hand grater）

　　刨丝器一般用于将干酪、肉桂棒、肉豆蔻等香料磨成粉状，装饰在饮品上。

❹ 分杯（300毫升）

　　分杯用于制作冰巧克力，一般采用可以在微波炉中使用的PP或硅胶材质。为了方便在电动搅拌器中粉碎，要选择适宜的直径和高度。

⑤ 手动搅拌器（hand blender）

　　一次性制作3升以上大容量饮品的时候，为了让主体不被巧克力淹没，最好使用长一点、刀片旋转力升级的（750~1000W）产品，这样可以将粒子粉碎得更加彻底。其主体为可拆卸式设计，与打泡器或可以处理坚果的食品处理器相结合后可以有多种用途。

⑥ 翻糖点胶机（fondant dispenser）

　　这个本来是将制作糕点的面团分成小份时使用的工具，用来制作巧克力饮品也是合适的。手柄处有口径不同的出口，可以根据用途进行选择。

⑦ 电动搅拌器（blender）

　　电动搅拌器用于将冰巧克力和辅料等同时粉碎，本书中以一般咖啡店普遍使用的alesso搅拌机为例。刀片呈"十"字形的最为合适，粉碎时杯体内部巧克力可能会四处飞溅。因此，最好选择2升以上的大容量。将质地坚硬的冰巧克力直接投入杯体内可能会损伤刀片，最好用微波炉加热使之充分裂开后再使用。

工具和材料

嘉利宝
黑巧克力粒
白砂糖、可可块47%、
低脂可可粉5.5%

将调温黑巧克力粉碎成
粒状，专门用于制作饮
品的产品。

梵豪登
深棕可可粉
可可块100%（可可脂
含量52%~56%）

未经压榨，可可脂含量
非常高的无糖可可粉。

嘉利宝
白巧克力粒
可可脂20.6%、糖、
低脂奶粉（牛奶）

将调温白巧克力粉碎成
粒状，专门用于制作饮
品的产品。

可可百利
坦桑尼亚黑巧克力
可可块69.5%、可
可脂9%、糖、天
然香草粉末

高含量的可可块所
带来的可可香味和
水果适当的酸味相
融合的产品。

法芙娜
灵感草莓巧克力
可可脂最少37%、草莓14.2%、
糖47%、脂肪39%

这是一种天然草莓加上可可
脂制成的产品，它与现有的
白色巧克力和草莓混合方式
相比，没有了奶臭味，草莓
的味道、香味和颜色都能更
好地表现出来。

法芙娜
灵感树莓巧克力[1]
可可脂最少35.9%、树莓粉末
11.5%、糖52%、脂肪37%

适合制作黑巧克力，用于制作白巧克
力的树莓风味产品也是很不错的。既
可涂抹，也可用来做甘纳许[2]。

译者注：（1）"树莓"也译作"覆盆
子"，本书中统一译为"树莓"。（2）甘
纳许是一种古老的手工巧克力制作工
艺，将半甜的巧克力与鲜奶油一起，以
小火慢煮至巧克力完全熔化的状态。

可可百利
和风焦糖巧克力35%
可可脂35%、白砂糖、全脂奶粉（牛奶）、脱脂奶粉、乳清粉、焦糖（2.1%）、卵磷脂（大豆）、天然香草香精、精盐

被称为CBS®（焦糖酱）的调温白巧克力让人联想起了"盐黄油焦糖"。

可可百利
花语黑巧克力70%
可可块62.5%、白砂糖、可可脂10%

这是一款可可苦涩感强烈、花香突出的调温黑巧克力。

可可百利
白绸
可可脂30.5%、脱脂奶粉（牛奶）、白砂糖、乳脂、卵磷脂（大豆）、天然香草香精

这是可可百利具有代表性的一款调温白巧克力，天然的香草香精使该产品香甜的感觉更加凸显。

法芙娜
灵感西番莲巧克力[1]
可可脂最少32%、西番莲汁17.3%、糖49.3%、脂肪34%

将西番莲酸甜的感觉原汁原味地体现到巧克力上的产品，适合与其他热带水果混合。制作冷饮时，清爽的感觉更加凸显。

译者注：（1）"西番莲"也译作"百香果"，本书统一译为"西番莲"。

法芙娜
灵感柚子巧克力
可可脂最少34.4%、柚子汁2.4%、糖55%、脂肪38%

不直接使用柚子果酱或柚子就能够轻松获得固有的风味。

法芙娜
灵感杏仁巧克力
可可脂最少30%、杏仁31%、糖38%、脂肪42%

以柔软的质感来表现杏仁的诱人香味。适合搭配包括杏仁在内的其他坚果使用。

❶ 可可粒（cacao nibs）

可可粒指的是在去皮状态下被粉碎的可可豆。适当地添加到甜度高的饮品中，因其本身苦涩的味道，可以均衡饮品整体的口感。

❷ 薄脆片（Pailleté Feuilletine）

这是一种想要给甜点增加脆脆的口感时使用的法式可丽饼碎块。

❸ 果仁谷物（Praliné Grains）

果仁谷物是焦糖化、粉碎的榛子，本书中主要用于饮品的装饰。

❹ 辣椒粉

本书中辣椒粉主要为辣的热巧克力饮品做装饰。

❺ 青山抹茶粉

这是一种绿茶粉含量为14%，砂糖含量为86%的产品。在一般的咖啡店里，主要用于制作抹茶拿铁时单独使用。

❻ 南山园抹茶粉

南山园抹茶粉不含砂糖，有种特有的苦涩味，是一款适合用来调节白巧克力甜度的产品。它含有15%的小球藻，以补充抹茶中缺乏的营养素。

❼ 川宁西番莲、芒果&橙子茶

其热带水果的风味综合均衡，适合用来做甘纳许。

❽

❾

❿

⓫

⓬

⓭

⓮

❽ 意大利辣椒（peperoncino）

这是意大利菜中常用的辣椒，在制作辣的热巧克力时取适量使用。

❾ 红胡椒（pink pepper）

红胡椒与五味子有些相像，果实外面的部分是甜味，里面是苦味，淡淡的辣味，是一种风味综合复杂的香料。

❿ 柠檬/薄荷油

这是一种烘焙时为增加香味时使用的油，想要更加凸显材料特征时使用。

⓫ 椰子汁

这是一种含有椰子肉的果汁，用于增强椰子香味和增加黏性。

⓬ HIDDNTASTE公平贸易椰子油

在可可脂中添加少量的椰子油，可以增加甘甜的香味，降低熔点，本书中作为全素热巧克力的材料。

⓭ 宝茸果泥

果泥在冷冻状态下，保存时间较长。因此，可以在不同季节使用稳定白利度（°Bx，与糖度、盐、蛋白质、酸的含量相关）的水果材料，用它制作相关甜点或饮品时可以保持一贯的味道。

⓮ 肉桂棒（cinnamon stick）

该香料富含和可可一样有着强大抗氧化性的物质——原青花素（proanthocyanidin），可用刨丝器磨成粉装饰在饮品上或者整个使用。

❶ 柑曼怡利口酒（Grand Marnier）

这是一款在干邑白兰地中加入香橙味的法国利口酒，广泛应用于鸡尾酒、糕点/面包等中。它是用橙子皮蒸馏制成的库拉索酒系列中十分顶级的利口酒，在制作甘纳许时适量添加，可以给人清香的感觉。

❷ 杜林标利口酒（Drambuie）

这是一款添加了60种苏格兰威士忌、石楠（heather）蜂蜜、草本植物的草药类利口酒，适当地用在巧克力饮品中，可以表现出独特的风味。

❸ 苦杏仁利口酒（Amaretto）

此款利口酒的名字出自表示"苦味"的"苦艾酒（amaro）"，用来表现包括杏仁在内的核果（桃子、李子、杏）类的特征。

❹ 金巴利利口酒（Campari）

这是意大利具有代表性的餐前酒，苦味酒中使用率最高的利口酒，在用苦味调节饮品整体甜度时使用。配以含有促进消化的葛缕子干籽（caraway）的芫荽（coriander，香菜）、龙胆根制成。与橙子、西柚搭配也很适合。

❺ 贵妃利口酒（KwaiFeh）

这是一款荔枝香味突出的利口酒，与红色浆果类，尤其和树莓十分相配。

❻ 波士香蕉利口酒（Bols Banana）

这是一款能够显著表现出香蕉香味的利口酒。1575年始于荷兰的波士，是现存蒸馏公司中历史最悠久的品牌。

❼ 安歌斯图拉苦橙利口酒（Angostura orange bitter）

　　1824年，一名德国军医在委内瑞拉的安歌斯图拉研发出来并以此命名的苦橙利口酒，它是一种草药类利口酒，由苦味强烈的龙胆根提取物和朗姆酒混合制成。可适量地淋在鸡尾酒或饮品上，以增加香味。

❽ 酸橙汁（Lime juice）

　　乍一看标识可能会以为是可以直接饮用的饮料。不过，由于酸橙的人工香味和因糖分带来的黏性，它是一款更加接近于甜果汁饮品*的产品。过去韩国国内很难买到酸橙的时候，酸橙汁也一度作为酸橙的替代品被人们经常使用。甘甜的口感中又夹着强烈的酸味，适量添加到脂肪成分较多的材料中，能够平衡整体的风味。

*甜果汁饮品（cordial）——果汁中添加了糖分的饮品，也经常用作利口酒的同义词。

❾ 玫瑰糖浆（Rose Syrup）

　　这是一种增加玫瑰香味时使用的糖浆，与贵妃利口酒、树莓果泥适当搭配使用能够增加清爽的口感。

❿ 蓝橙利口酒（Bleu Curaçao）

　　库拉索位于加勒比海，是荷兰领土，是苦橙的主要生产地。这里用橙子皮蒸馏而成的蒸馏酒发展成多种形式，三次蒸馏的橙皮甜酒（Triple Sec）、法国的君度（Cointreau）、柑曼怡利口甜酒（Grand Marnier）是其中极具代表性的。如今的库拉索不仅仅是蒸馏酒，更作为指代橙子的固有名词，常常出现在一般的糖浆产品中。

⓫ 椰林飘香糖浆（Piñacolada Mixer）

　　用它可以轻松制作出加勒比海鸡尾酒——椰林飘香，含有浓缩椰子和菠萝汁等。

Part 02

巧克力饮品的历史

Chocolate Beverage History

从喝的可可到喝的巧克力

《征服新西班牙的真相》中，比较详细地记载了蒙特祖马喜欢喝可可饮品的事。

出处：http://en.wikipedia.org

梵·豪登最早发明了制作块状巧克力和可可粉的方法。

出处：http://www.geheugenvannederland.nl

　　破坏了古代墨西哥文明阿兹特克（Aztec）的侵略者赫南·科尔特斯（Hernán Cortés, 1485—1547）在1528年最早将"可可"这一概念带到了西班牙。在记录他征服墨西哥帝国的报告——《关系书》（Cartas de Relación）中，"可可"出现了几次。因为这是从军事和经济观点出发写的报告资料，所以只是把可可描述为可以替代货币使用、与杏仁类似的果实，并简短地介绍了称为panicap（面包和可可，pan y cacao的误写）的饮品。

　　更详细一些的记录是在科尔特斯的部下、同时也是远征队友——贝尔纳尔·迪亚斯·德尔·卡斯蒂略（Bernal Díaz del Castillo, 1496—1584）留下的《征服新西班牙的真相》（Historia verdadera de la conquista de la Nueva España）一书中。该书中描写了阿兹特克皇帝蒙特祖马（Motēuczōma, 1466—1520）在被服侍的时候不时地喝着纯金杯中满是泡沫的可可饮品。

　　西班牙人因为糖开始喜欢上喝从新大陆带来的可可，添加糖是为了减少苦味和人们对可可的抗拒心理。糖与可可的浓烈口感相结合，很快发展成一种神秘的饮品。再添加上香料，可可饮品很快就发展成了阿兹特克人喝过的各种饮品中最精致的形式之一。此后，可可流传到意大利、荷兰、英国等欧洲国家，可可加工品——巧克力等也开始陆续登场。

让·安泰尔姆·布里亚-萨瓦兰（Jean Anthelme Brillat-Savarin，1755—1826）在《美味的飨宴》（*La Physiologie du goût*）一书中，记录了"与当今食品类型最相似的巧克力"的定义。炒过的可可中加入糖和桂皮制成的一种混合物，这就是巧克力的古典定义。但跟我们所知的巧克力相比，它的口感略显粗糙，是不易与水或牛奶混合的固体巧克力[1]。

科尔特斯将可可带到西班牙300年后的1828年，荷兰的化学家昆拉德·约翰内斯·梵·豪登（Coenraad Johannes van Houten，1801—1887）向阿姆斯特丹专利厅申请注册的可可处理工艺专利，成了块状巧克力[2]和可可[3]这种新型饮品诞生的契机。

梵·豪登发明的可可处理方法是通过液压式压榨机，将固形物和油脂从可可中分离出来的方法。梵·豪登发明的液压式压榨机超过6000psi（4.1×10^4kPa）的高压，可以将可可饼[4]与可可脂分离开。

1　固体巧克力：本书中指的是将烘焙过的可可豆的外壳去除、碾碎，做成易成型的糊状后，加入糖和坚果等，放入模具中使之凝固的巧克力。相较而言，其不受装置的限制，在家庭作坊里也可以制作。从"苦味浓郁，口感有韧性"的记录以及当时以糖果类为主销售的流行趋势来看，估计是不易熔化，与耐嚼的焦糖类似的形态。瑞士最早的固体巧克力（1819年）制造商是弗朗西斯-路易斯·卡耶尔（François-Louis Cailler）。

2　块状巧克力：本书中指的是将烘焙过的可可豆的外壳去除，利用液压式压榨机将可可饼和可可脂分离，通过各种机械装置将可可饼长时间粉碎、研磨，再与糖混合后，再次加入可可脂，与当今巧克力最为相似，依靠机械装置制成的巧克力。最早制作块状巧克力（1847年）的是英国的弗赖伊家族。

3　可可/可可粉：参考"Part 03. 巧克力原料定义"。

4　可可饼：参考"Part 03. 巧克力原料定义"。

还有一种处理方法是加入了碱盐[1]的荷兰法。在可可中加入碱盐的结果是，①可以减少发酵过程中产生的酸味；②颜色变深，商品价值提高；③产生易溶于水的性质，成为触发最初的工业型粉末可可生产的契机。

梵·豪登的可可粉——凭借通过荷兰法发明的可可粉，梵·豪登至今仍是可可粉的代名词。

出处：http://www.thedutchstore.com

在荷兰法中起到非常重要作用的碱盐添加操作，早在1671年就受到了荷兰莱顿大学弗朗西斯·西尔维斯（Franciscus Sylvius，1614—1672）确立的化学生理学理论的影响。西尔维斯主张生物体的化学紊乱，即酸味（拉丁语acrimónĭa）会引起疾病，并阐述了酸和碱的平衡直接关系到健康的理论。

以希波克拉底的体液病理说为基础，西尔维斯的这一理论与伽兰诺斯（Claudios Galenos，129—199）发展的理论相似。主张人体存在血液（bloed）、胆汁（gal）、黏液（slijm）、黑胆汁（zwarte gal）四种体液，哪种体液相对多了，就可能发生基质的变化或生病。为了保持平衡，酸碱应该协调。

---

1 碱盐：现在，用食品用碳酸钾（K_2CO_3, potassium carbonate）溶液等直接对可可豆、可可粒，或者可可饼进行碱性处理，但当时梵·豪登使用的碱盐究竟是怎样的，尚不明确。这大概是几个世纪以来将苛性钾（KOH）和苏打混为一谈的结果。估计那个时代非常常见，很容易找到的，被称作珍珠灰（pearl ash）的有珍珠光泽的灰是最有可能的材料。18世纪后期，珍珠灰是指在与荷兰贸易活跃的美国当作酵母使用的苛性钾。这是早在17世纪后期，开始竞争盐产业的荷兰人在现在的纽约新阿姆斯特丹附近建设制盐所，大量生产盐后出现的。当时，荷兰使用的是通过炙烤腌制青鱼的海水浸湿的泥炭（peat）获得的盐，但是，其价格昂贵、产量低。

依据西尔维斯的化学生理学理论，梵·豪登试图将可可开发成简便的饮品，同样也是为了达到空腹服用有助于营养吸收，饭后服用有助于消化的药用目的。化学生理学理论适用于从新大陆引进的所有食材，针对"可可对于人体到底有益还是有害"这一问题也是众说纷纭。但是，人们相信巧克力饮品酸碱含量均衡，具有净化体液和淋巴液的功能。

对于这样的诞生背景，我们不能单纯地认为添加了碱盐只是为了让它溶于水或牛奶，而应该对它重新进行评价。添加碱盐是基于化学生理学理论的考虑，为了寻求酸碱平衡，改善可可的酸性。

后文要介绍的饮品，都是使用梵·豪登可可处理工艺法的"调温巧克力"和"可可粉"制作的"巧克力饮品配方"。

Part 03

巧克力原料定义

Chocolate Ingredients

01 可可（Cacao）/ 可可粉（Cocoa）

　　每个国家对这两种原料标记的方法多少有些差异。一般来说，将农场里收获之后经过发酵和干燥的单纯原料状态和经过一次加工的加工品称为可可。通过机械处理经历了化学、物理加工，用作巧克力原料的二次加工品，以及最终粉末状态的加工品称为可可粉。但是，这两个概念经常被混用，最近韩国国内出版的巧克力相关书籍和资料大部分都标为可可。为了避免混淆，本书中也是将巧克力的原料及一次、二次加工品均称为可可，将最终的粉末加工品称为可可粉（摘自韩国食品标准法典的内容用"可可粉"标记）。各种原料的相关说明均依据FDA（美国食品药品监督管理局）巧克力相关规定和ADM的《帝赞可可手册》（*deZaan-Cocoa Manual*）、世界巧克力大奖（World Chocolate Awards）的国际定义。

02 可可豆（Cacao Bean）

　　结束了酶促褐变反应的可可豆，要想正式成为巧克力的材料，还需要经过烘焙。这是因为通过烘焙除去可可豆中残留水分的过程中，会产生高压和二氧化碳。这二者的作用会使去除外壳（husk）这一操作变得更加容易。美拉德反应正式开始后，可可固有的香味和色泽会呈现出来。手工巧克力经过手工筛选后直接烘焙，机器量产巧克力从烘焙阶段开始依据GMP（良好作业规范，Good Manufacturing Practices）的原则进行各个工序。GMP指的是针对从原料的获得到生产工序、产品出货的全过程以及设备和相关管理的标准，这是由美国FDA引进，并被国际食品法典委员会（Codex）和欧盟（European Union）采用的事项。韩国从1995年开始引进HACCP（Hazard Analysis and Critical Control Points，危害分析的临界控制点），以2015年4月份为基准，根据HACCP的对象食品中也包括了可可加工品及巧克力类等。

03 外壳（Husk）

将烘焙后的可可豆捣碎，单独分离出的外皮就称为外壳。果肉流失变硬的外壳由本是强硬的纤维状构造组成，很难被完全粉碎，混入巧克力中会产生很粗糙的口感，因此，并不用于制作巧克力。

外壳虽然也用作农业上的覆盖料（mulching）或者生产肥料，不过，最近认识到谷物和水果皮中具有生理活性的多酚成分含量最高，将外壳制成用茶包等多样化的商品形式也成为一种趋势。

04 可可粒（Cacao Nibs）

去除外壳、碾碎后的可可豆被称为可可粒。考虑到灭菌，机器量产巧克力有时也会直接向可可粒喷射高温蒸汽，然后再进行烘焙。

根据美国FDA规定，与整体质量相比，未进行碱化处理的外壳的比例不得超过1.75%。如果经过了碱化处理，一定要标记"经过碱化处理（Processed with alkali）"或者"经过___处理"（___处标记出使用的碱材料的名称）。

碱化处理后，下一阶段用磷酸或柠檬酸进行中和处理的，需要标记出"使用中和剂处理（Processed with neutralizing agent）"。韩国食品标准法典中没有制订可可粒（食品标准法典中标记为"胚乳"）相关的法定标准。

05　可可（Cacao）/ 巧克力浆（Chocolate Liquer）

长时间使用碾磨器研磨可可粒，经过持续反复的物理压榨，脂肪成分涌出，形成液体状态。这就是可可浆，脂肪占总质量比例最少为50%~60%，可可浆和可可块（块状）的意思相同。但是，为了避免混淆，将在常温下凝固成固态的称为可可块，将液体状态的称为可可浆。可可酱（cacao paste）是介于可可块和可可浆之间的状态，不是完全的液体，是一种接近糊状的状态。

可可浆（块）是指基本没有压榨的状态（含有50%以上的可可脂），这与韩国食品标准法典的说明一致。手工巧克力是在可可浆状态下，加入稍许糖以及根据需要添加香草豆或卵磷脂等制成的。手工巧克力是加工程序最少的巧克力，可可脂的含量非常高。与之相反，机器量产巧克力在可可浆的状态下，通过压榨分离出可可脂和可可饼，之后，根据各种巧克力产品的相关法定标准，调节比例进行生产。

06 　　　　　　可可脂（Cacao Butter）

可可豆由几乎相同比例的固形物部分——可可固体（cacao solids）和油脂部分可可脂（cacao butter）组成。将可可豆中的固形物部分去除，仅分离加工油脂成分得到的就是可可脂。梵·豪登的液压式压榨方式最多可提取的可可脂为全部油脂的85%。如今，利用压榨机增压、离心机、己烷（hexane）等，几乎可以将可可脂全部提取出来。巧克力之所以入口即化，是因为可可脂能够在与人体温度相近的温度下熔化的这一特征。

单独提取可可脂，一方面是因为在制作巧克力时因可可脂含量不够，需要另外单独添加；另一方面，可可脂也是在制药及化妆品产业中交易价格较高的高级油脂。由于可可脂是巧克力成分中价格最高的材料，因此，也会用其他植物性油脂来代替，以求降低生产成本。为了方便运输，还需要提高其熔点。由于植物性油脂没法取代可可脂所独有的柔和、清爽的口感。因此，抛开美国FDA、欧洲CODEX的规定，专门评价高级巧克力的巧克力协会（AOC，Academy of Chocolate）、国际巧克力奖（ICA，International Chocolate Awards）、世界巧克力奖（WCA，World Chocolate Awards）等机构将添加了植物性油脂的巧克力排除在评估对象之外。

07 　　　　　　可可饼（Cacao Cake）

可可饼是标记巧克力成分时被标记为"可可固体"的原料，因此容易和可可块混淆，本书中并未做刻意区分。提取可可脂后留下的固体就是可可饼，以消费者为对象的巧克力相关规定中是没有可可饼这一说法的，它只是工厂里通用的原料名称。

法语称之为"渣（tourteau）"，韩国食品标准法典说明中称为"压榨粕"。

通过一般的液压式压榨方式分离可可脂的，根据压缩时间和压缩条件的不同，最终使可可饼中残存的可可脂的比例从50%～60%减少到10%～24%。可可饼在机器量产巧克力中经常保持一定的脂肪比例和稳定的品质，是制作可可粉时必需的中间产品。机器量产巧克力大部分都是以可可饼为基础生产的，它与从可可浆（块）状态直接生产完成的手工巧克力相比，可可脂的含量从根本上来说就比较低。

08 　　　　　　卵磷脂（Lecithin）

卵磷脂是在巧克力中经常使用的一种乳化剂（emulsifier），是从大豆油中大量获取的一种食品添加剂。在巧克力中使用乳化剂的首要目的是降低黏度（viscosity）。糖与可可浆中残留水分的结合能力非常强，根据糖使用量的不同，黏度可能会急剧增加。卵磷脂会妨碍糖吸收水分，将黏度维持在一个低的水平，使巧克力浆投入模具时变得更加容易。此外，使用卵磷脂还是为了节省费用，提升柔和的口感。用卵磷脂替代可可脂，精炼阶段可在0.5%以内进行添加。若卵磷脂添加过多，一不小心就可能会产生种过于爽滑的口感，使用时应多加注意。由于消费者对转基因食物（GMO）的反感，最近包括帕卡瑞（PACARI）在内的几家手工巧克力制造商使用用"非转基因（GMO-free）"大豆生产的卵磷脂或向日葵卵磷脂（sunflower lecithin）来替代。

09　　　　　　可可粉（Cocoa Powder）

　　可可粉是分离了可可脂，将剩下的可可饼按照用途粉碎成的粉末状态，是可可处理阶段最终的产品。粉碎工序将可可饼粒子按照既定的细度进行粉碎，粉碎后进行冷却，从而使可可粉的脂肪达到稳定的状态。这是为了防止变色以及之后装入包装内结块现象的发生。

　　根据前面介绍的荷兰梵·豪登的可可处理法（即荷兰法），将可可粉分为经过碱化处理增强了水溶性的荷兰工艺可可粉（Dutch processed cocoa）和未经碱化处理的天然可可粉（natural cocoa）。制作巧克力时，为了增加硬度，还会另外添加可可粉。

未经碱化处理的天然可可粉

经过碱化处理的荷兰工艺可可粉

Part 04

巧克力饮品基本制作理论

Theory of Chocolate Beverage

01 巧克力制成饮品的方法

●●● 荷兰法（Dutch-method）

　　19世纪初，可可作为饮品的价值越来越高，"如何与水和牛奶混合"成了最大的难题。在德国，为了解决这个问题，添加了氯化氨（sal-ammoniac）等，这种被称为德意志法（Deutsch-method）。由荷兰的梵·豪登发明的被称为荷兰法的可可处理方法，在多处文献中提到，荷兰法分离的可可脂油脂含量较高，加入碱盐的结果就是容易溶于水，但具体过程已无从知晓。关于荷兰法的化学原理可做如下说明。

❶ 酸味的减少

　　可可豆在附着肉质部分（果肉）（pulp）的状态下发酵，此时果肉内含有的糖会发生第一次乙醇发酵，接着乙醇被氧化产生乙酸（醋酸，acetic acid）。在发酵的最后阶段，乙酸会分解成二氧化碳和水，在干燥的过程中，水分和剩下的乙酸也会挥发，具有pH4.5～6的弱酸性，可可固有的酸味也因此产生了。在可可加工的过程中加入碱盐，发生中和反应，酸性发生变化，酸味也随之减少。碱化处理的浓度增强，苦味就会增加。用糖等甜味剂来抵消苦味，并经过最终的商品化过程。

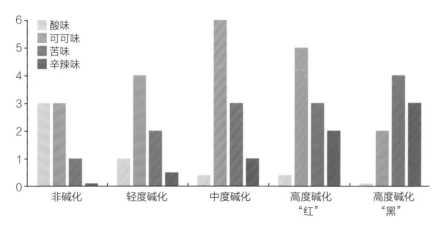

出处：Cocoa & Chocolate Manual 40th Anniversary Edition | deZaan™

❷ *颜色的变化*

可可粉的颜色是由构成可可多酚（polyphenol）的多种成分在经过外部因素氧化、聚合的过程后产生的。其中，属于类黄酮物质黄烷-3-醇的原花青素（proanthocyanidin）占有较大比例（100g中含有9481.75mg，FDA资料），也被归类为不溶于水的聚合单宁（condensed tannin）。（发酵时）构成原花青素基本框架的儿茶素（catechin）和表儿茶素（epicatechin）在氧气和热的影响下发生氧化时，产生苯醌（quinone）。分子间因此发生聚合，形成从红色到暗褐色的高分子化合物鞣酐（phlobaphene）。（碱水溶液处理时）色素的本体花青素（anthocyanidin）根据碱水溶液的pH和温度的不同，呈现出黄色或黄褐色，颜色也会因酶或金属的影响有所变化。（烘焙时）由于烘焙阶段的美拉德反应（Maillard reaction），会生成一种褐色物质类黑精（melanoidin）。

受鞣酐增加、花青素变化、类黑精生成的影响，可可粉最终呈现出来的颜色会多种多样。被认为具有抗氧化作用的原花青素随着氧化时的聚合，分子质量增加，在人体内难以被吸收。同样，花青素会与碱水溶液提前结合或基本框架遭到破坏。此外，在碱化处理的过程中，可可多酚大部分变成苯酚盐（phenoxide）后，容易被氧化成苯醌，引起"多酚的流失"。不过，有研究称烘焙过程中新生成的类黑精有抗氧化作用。

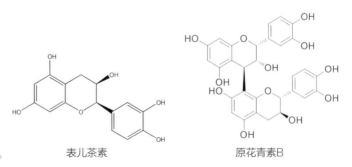

出处：Cocoa & Chocolate Manual 40th Anniversary Edition | deZaan™

表儿茶素　　　　　原花青素B

原花青素是以儿茶素和表儿茶素为基本框架的聚合物（polymer）

❸ 水溶性的增强

构成可可固形物的成分中，主要是半纤维素（hemicellulose）以及和半纤维素结合的木质素（lignin）这类的不溶性膳食纤维。由于葡萄糖链呈直线紧紧地连接在一起，形成非常强的纤维状（fibrous）结构，具有不易溶于水的特性。相对而言，构成聚合物的单体（monomer）数量较少，易溶于碱，当水溶液中含有碱时，很容易就溶于水了。

出处：Cocoa & Chocolate Manual 40th Anniversary Edition | deZaan™

经碱处理过的颜色多样的可可粉

●●● 乳化液（Emulsion）

乳化液是源自表示乳汁或牛奶的拉丁语"乳剂（emúlsĭo）"。由水和脂肪等组成的可可脂和牛奶，因其内部结构的不同，是两种具有各自属性的乳化液。可可脂是脂肪类物质中水分分散状态混合的油包水乳化液（water-in-oil emulsion）W/O，牛奶是水中脂肪类物质分散状态混合的水包油乳化液（oil-in-water emulsion）O/W。因此，乳化液的首要条件就是，分散质[1]和分散介质[2]都应是液体状态。

---

1 分散质（dispersed phase）：分散的粒子。

2 分散介质（dispersion medium）：使之分散的溶媒。

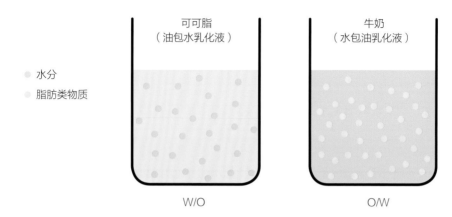

可可脂或牛奶能够保持长时间静置也不分离的胶体[1]状态，这是乳化液的第二个条件。总结来说，所谓乳化（emulsification）有着"牛奶化""像牛奶似的"这样的意思，意味着"形成稳定的胶体状态乳化液的作用"。

●●●● 悬浮液（Suspension）

巧克力不仅包括作为乳化液的可可脂，还包括了像可可块这样不溶性的固形物。巧克力和牛奶混合后的最终产物，便是比胶体粒子更大的固体粒子均匀分散的悬浮液。悬浮液经过一段时间会沉淀或分离，这与长时间维持稳定状态的乳化液有所区分。

调温巧克力中含有少量的卵磷脂，这是乳化剂的一种。用巧克力和牛奶制成的甘纳许或热巧克力混合了不同的乳化液，看起来像是制作新乳化液的乳化作用。但是，这里的卵磷脂并不是起乳化作用，而是在生产巧克力的过程中用于降低黏度、增加光泽使用的添加剂。

---

1 胶体（colloid）：由大小比分子或离子大，但是肉眼看不见的 1～1000 纳米的粒子构成。因此，胶体状态并非由物质的种类，而是由粒子的大小决定。由于水分子不间断地做不规则运动，粒子分布均匀，无论取哪一部分，都表现出相同的物质属性。牛奶是最具代表性的胶体状态的乳化液。

02   巧克力饮品制作原理

制作巧克力饮品的材料根据组成成分可以分为"糖类加工品""半甜巧克力"和"巧克力",具体见下表。本书中想给大家介绍的是,使用食品类型上被分类为"巧克力"的材料来制作饮品的方法(半甜巧克力或糖类加工品用于部分装饰时使用)。

一般咖啡店里常用的糖类加工品和半甜巧克力,价格相对低廉,添加了包括乳化剂在内的多种添加剂,混合时比较容易。不过,糖的比例较高,甜味重,代可可脂的材料有残留感,这些成了人们不太喜欢热巧克力的原因。

只使用巧克力和牛奶的饮品,价格高,混合过程难度大。但是,可可脂能够将甜味和苦味进行调节,制作出受人们欢迎的高级饮品。其能够在和体温相似的温度下熔化的这一特征,与替代油脂有着很大的差别,没有残留感,给人非常清爽的口感。

食品类型	糖类加工品(产品A)	半甜巧克力(产品B)	巧克力
成分	糖 纯净水 果糖 可可粉 香草香精 山梨酸钾(防腐剂) 精盐 卵磷脂	可可粉 白砂糖 结晶果糖 混合脱脂奶粉 巧克力香精 麦芽糖糊精 蔗糖脂肪酸酯 瓜尔豆胶 羧甲基纤维素钠 卡拉胶 蛋白粉 黄原胶 偏磷酸钠 磷酸三钙 巧克力片 纯净水	可可块 可可脂 糖 低脂可可粉 卵磷脂

巧克力饮品的重要制作理论如下。

❶ 巧克力应尽量小

想要快速制作热巧克力，在最短时间内将巧克力熔化后与牛奶均匀混合是其关键。有几家连锁咖啡店也曾推出一些调温热巧克力。不过，服务生们的熟练程度还不够，制作的热巧克力经常会有未能完全熔化的巧克力残留在杯底。这是因为将调温巧克力放入蒸汽杯中加热时，牛奶加热的速度要远快于巧克力完全熔化的速度。

使用调温巧克力时，应尽量选择粉碎得较为细小的。这是因为加热后的牛奶必须在均匀的时间内到达巧克力的中心部位，才能在较短的时间内完全熔化。最近，为了弥补这一不足，市场上出现了各种各样将调温巧克力事先粉碎成粉末状的产品。

❷ 牛奶的温度应不超过65℃

制作热巧克力时，从本质上来说必须要有加热这一步骤。加热后的牛奶可以使可可脂迅速、均匀地溶于饮品中，牛奶中的水分子侵入到巧克力固形物中，瓦解巧克力固形物基本结构的过程就这么开始了。

制作热巧克力时，关键是蒸奶的温度要维持在60～65℃，最高不得超过70℃。其在70℃以上持续加热时，其中含有的乳清成分因为热变性会失去原有的醇香，产生一种蒸煮味（cooked flavor），因此要多加注意。

❸ 用微波炉加热可赋予热巧克力更加丰富的口感

微波炉内部释放出来的微波，使牛奶中水分子中的电子高速旋转，引起分子间振动产生摩擦热。此时，在巧克力饮品温度上升的过程中，制作蒸奶加入的水蒸气和牛奶的水分快速蒸发。水分减少的同时脂肪丰富的质感越发明显，更加有细腻感的热巧克力就这么完成了。根据以往经验，在炎热的季节，做好之后立即饮用比较合适。从入秋时节开始，饮品需在1000W下加热20秒，冬季时加热30秒，气温在零下15℃左右时，加热40秒左右比较合适。

❹ 应将巧克力和牛奶尽量混合

热巧克力相比其他饮品制作起来比较困难的原因是，制作热巧克力需要将两种不同形态且不易混合的乳化液（可可脂+牛奶）和不溶性的固形物强制混合。

混合是由于牛奶中的蛋白质存在才能完成的，加热后的牛奶随着耐热性较差的乳清成分的释放，产生了强烈的黏性，与巧克力一起反复搅拌，会产生结块现象，形成短时间内无法分层的悬浮液。

完成后的热巧克力在一段时间后，会慢慢达到"暂时的乳化状态（和乳化过程相似的状态）"。因此，在饮用热巧克力时，巧克力和牛奶的结合应维持一个比较稳定的状态，这是非常重要的。

❺ 热巧克力表面成膜的原因——表面张力

刚做好的热巧克力比较烫，无法立即饮用，需要稍微放凉一会。不过，杯内的巧克力并未变凉，而是上升到一定的温度，此时在热巧克力的表面就会产生"表面张力"形成一层膜。所谓表面张力指的是，饮品内部的水分子受到四面八方均衡的力的影响，处于一个稳定的状态，而与空气接触的饮品表面的水分子处于一个不稳定的状态，这些暴露在表面的水分子之间相互凝聚形成一个比较稳定状态的力的作用。

加热后的牛奶，其蛋白质成分一部分聚集在表面，脂肪成分加热后，脂肪球相互黏着变大后也聚集在表面。此时，牵引巧克力的不溶性固形物，甚至产生相互凝聚的力量，在热巧克力表面形成膜。为了解决这一问题，一是要以比较合适的温度来制作，以便可以尽快饮用，二是尽可能地多搅拌，以延长表面张力产生的时间。

表面张力

❻ 瓶装巧克力饮品发生分离的原因——界面张力

前面曾说过，巧克力饮品是随着时间的推移会产生沉淀或者发生分离的悬浮液。这也是巧克力不能算是完全乳化食品的证据，乳化状态应该是长时间不会发生分离。

将包含不溶性固形物的可可脂和巧克力混合便可制成巧克力饮品。由于是两种不同的成分相遇，在接触的界面，液体分子间相互作用，这便是所谓的"界面张力"。饮品中界面张力相对均匀时，便可长时间维持稳定的状态，液体分子间的作用力不同时，便会产生分离。

在制作饮品的阶段，使粒子尽量小、尽量均匀，那么液体分子间的相互作用将会比较相似，分离的时间也会相对延长。不过，在现实中一般咖啡店想要通过手动搅拌器来解决这个问题是比较困难的。因此，本书中想要介绍的是将巧克力饮品的底极速冷冻、粉碎后再制作热巧克力的方法。

咖啡故事

LE CHOCOLAT

正值盛夏的2017年8月，我在离庆熙大学非常近的回基洞一个很幽静的居民区胡同里，找到了一处小小的空间。2个月的时间，在朋友们偶尔的帮助下，我完成了装修。中秋节过完没多久，在能够感受到阵阵凉风的10月中旬，LE CHOCOLAT咖啡店开业了。

直到那会儿，我还是认为它不过是为了"卖点简单的咖啡，写点和巧克力有关的文字"而存在的空间。写文章的时候，咖啡对我来说是必不可少的存在，于是当时就单纯地想，与其这样，还不如自己开家咖啡店来得好。当然，一开始不了解我情况的顾客后来熟悉之后对我说，大家最开始对咖啡店的第一印象就是"那是家没有巧克力只有巧克力相关的书和咖啡的奇怪的咖啡店"。

某一天，连载的《面包店》杂志刊登的一则广告引起了大家的注意。那是一则关于世界上最早发明可以喝的巧克力的"梵·豪登"可可粉新产品的消息。梵·豪登是第一本书《黑巧克力的故事》中最先登场的人物，我想着要按照书里的内容一个一个地去试着做一下热巧克力。在回基洞的这段时间，我下定决心把经营咖啡店的一点心得和热巧克力的配方好好整理一下，作为

我将来写书的素材。从那会开始，LE CHOCOLAT慢慢变成了"制作各种各样热巧克力的咖啡店"。

　　书中介绍的配方都是我在独自经营了470多天（除去休息时间）的咖啡店里自己开发并销售的热巧克力。对我来说，回基洞是一个很大的锻炼舞台。这里不像其他大学商圈那样一年四季流动人口都很多，这里的企业型连锁咖啡店已经占领了大学内外，再加上各种性价比高的咖啡店，不太适合个人咖啡店生存。尽管如此，我坚信只要用心用好的材料制作，即使是在如此恶劣的条件下，如果饮品的品质足够好，咖啡店也可以经营下去。虽然是庆熙大学周围最小的一家咖啡店，但是我们的热巧克力是绝对不计较成本的。这才让我在把店铺盘出去的时候，获得了回基洞、庆熙大学、东大门区一带咖啡店中最高（Mango Plate，2019年1月）的评分。

　　在经营LE CHOCOLAT期间，我总共开发了100款热巧克力，这里从中选出比较容易制作的40种介绍给大家。我不想只是简单地介绍配方，因为在开发100种热巧克力的过程中，有着100个故事，其中就有只为一个人量身定做的限量饮品。对于做料理的人来说，为了做生意而开发菜品迟早会感到疲乏，但是为了传达价值而开发菜品却有着长久的生命力。当我的想法传达给顾客并感动顾客时，没有什么比这个更有意义了。

Part 05

热巧克力配方

在普通咖啡店里将调温巧克力熔化，
制作热巧克力是非常难的事情。
这是因为将调温巧克力熔化不仅要花费很长的时间，
而且熔化巧克力也并不是像想象中的那么简单。
本书会为大家介绍最简便、
最迅速的热巧克力制作方法。

Hot Chocolate Recipe

黑巧克力

黑巧克力是LE CHOCOLAT开业后最先制作的基础菜单。咖啡店到处都是，热巧克力基本上也是家家都有。不过遇到用"糖类加工品"或"半甜巧克力"做的"可可粉饮品"时，还是会很失望的。可可粉饮品有一半以上的成分是糖，剩下的是一些巧克力固形物和构成巧克力香精的材料，几乎没有可可脂。手工巧克力咖啡店中，将高级调温巧克力熔化后制成的饮品，通常都会更加美味。这其中的差异，就在于是否使用可可脂。

因此，最初来LE CHOCOLAT店里的顾客，大家必点的就是这款黑巧克力了。可可粉是大家非常容易接触到的，可是真正的巧克力饮品并不多见。因此，我个人非常想让大家感受到，纯正巧克力的这种强烈感。这一菜单差不多算是从可可粉到巧克力的第一道关卡了。

即使你是第一次尝试这种黑巧克力饮品，你也能很快察觉到"只存在于巧克力中的这种可可脂"所带来的丰富感，是可可粉所无法做到的。此外，可可脂可以中和甜味和苦味。因此，其口感要比可可粉的更加柔和。

从经营咖啡店的立场来看，有时会比较茫然不知该选择什么样的巧克力。最近将调温巧克力事前处理成粉状的产品琳琅满目，从而可以简单、快速地做出热巧克力。不按照配方的方法，直接将选择的巧克力用食物处理器等切成小块，放入密封容器中使用，也可打造出自己独特的经典热巧克力。

风味小贴士

标准巧克力、甜味。

配料	嘉利宝黑巧克力粒	40克
	牛奶	200毫升
	黑巧克力卷（调节浓度用）	适量
容量	300毫升	

1 将40克的嘉利宝黑巧克力粒放入量杯中。

2 用咖啡机的蒸汽将200毫升的牛奶打发至60～65℃。

小贴士：充分地打出奶泡，才能正好装入300毫升杯中。

3 加入牛奶，使①完全浸没在②中。

小贴士：无须将牛奶全部加入量杯中，只要加入的量可使巧克力完全熔化即可。

4 用三角打泡器充分搅拌。

小贴士：巧克力可能会残留在量杯壁上，用三角打泡器刮下使之熔化。

5 将④放入微波炉中加热20～30秒。

小贴士：天气热的时候，④能够达到合适的温度。冬季（零下10℃左右），1000W条件下加热30秒再供应比较合适。冬季外带或零下15℃左右时，1000W条件下加热40秒再供应比较合适。

6 加热后的巧克力，充分搅拌后倒入杯中。

小贴士1：未经微波炉加热直接装入杯中时，巧克力可能会未完全熔化。

小贴士2：使用过滤器（滤网）可以制作出没有残留感的饮品。

7 将剩下的蒸奶和奶泡倒入杯中。

小贴士：制作蒸奶时，充分打出奶泡，可以使饮品的口感更加柔和，点缀的时候也更加容易。

8 根据喜好用黑巧克力卷进行装饰。

小贴士：黑巧克力卷在室温下保存时，直接使用也可以在饮品的温度下充分熔化。如果是冷冻保管的状态，用三角打泡器充分搅拌之后再使用更为合适。将块状调温巧克力削成片状，可替代黑巧克力卷用来装饰。

小建议	：	黑巧克力是给第一次体验热巧克力或者喜欢甜味的20多岁顾客的最好推荐。

浓黑巧克力

　　梵·豪登于1825年在世界上最先发明了可可粉，他是热巧克力和块状巧克力历史上不可缺少的重要人物。将利用梵·豪登"荷兰法"制作的100%无糖可可粉与其他巧克力适当混合，可以调节饮品的甜味。梵豪登深棕可可粉虽然是"可可粉"，但是没有经过压榨的过程。可可脂含量高达52%~56%，是一款高级的可可粉。水溶性好，可与牛奶或水很好地混合，非常适合制作饮品。前面介绍的"黑巧克力"比较适合喜欢甜味的人群，"浓黑巧克力"则比较适合喜欢甜味和苦味适度混合、不喜欢甜味的人群。

风味小贴士

丰富、浓郁、更浓的可可脂、微苦。

1
2
3
4
5
6
7
8

配料	嘉利宝黑巧克力粒	20克
	梵豪登深棕可可粉	20克
	牛奶	200毫升
容量	300毫升	

1 将嘉利宝黑巧克力粒和梵豪登深棕可可粉各20克，共计40克放入量杯中。

小贴士：这里无须完全按照食谱的用量来，如果不喜欢太苦的味道，可以将深棕可可粉按照5克为单位根据个人口味进行调整。

2 用咖啡机的蒸汽将200毫升的牛奶打发至60～65℃。

3 加入牛奶，使①完全浸没在②中。

小贴士：无须将牛奶全部加入量杯中，只要加入的量可使巧克力完全熔化即可。

4 用三角打泡器充分搅拌。

5 将④放入微波炉中加热20～30秒。

小贴士：使用微波炉加热，牛奶中含有的水分会汽化。同时，深棕可可粉中含有的脂肪成分会发生膨胀。这样制作完成的热巧克力，会比只用蒸奶制作的热巧克力更加细腻。

6 加热后的巧克力，充分搅拌后倒入杯中。

小贴士：在量杯中充分搅拌了之后再倒入杯中，这样可以延迟表面张力产生的时间，表层不容易形成膜。

7 将剩下的蒸奶和奶泡倒入杯中。

8 为了使巧克力香味更加浓郁，撒少许梵豪登深棕可可粉于饮品上。

小贴士：品尝热巧克力的第一步便是闻"香味"。可以建议顾客在品尝之前先闻一闻香味。巧克力也和咖啡一样，其香气具有缓解压力的作用。顾客外带时，也可推荐顾客先充分闻到香味后再盖上盖子。

小建议 : 梵豪登深棕可可粉因可可脂含量高，是"块状粒"通用的材料。
可以将85%以上的调温巧克力或者100%的可可块（块状）粉碎后替代使用。

牛奶巧克力

适合儿童

　　LE CHOCOLAT开业一个多月的时候，就有妈妈们来询问有没有适合孩子们的饮品。本菜单并不是市面上销售的那种甜甜的牛奶巧克力，之所以起名叫牛奶巧克力是因为使用的材料中，牛奶的用量比巧克力多而已。巧克力中含有刺激中枢神经的生物碱成分，可能会给孩子们带来负担。因此，只使用一半的巧克力，用牛奶来中和，最大限度地减少刺激是很重要的。因为这是按照基础菜单黑巧克力的一半用量来制作的，所以大人们喝起来可能会觉得有些淡。不过，这里可是蕴含了我们想要同时满足妈妈们和孩子们口味的深意。从妈妈们的立场上来看，可以给孩子们一些不太甜的巧克力饮品，从而感到放心。孩子们则是比大人更容易体会到甘甜的味道，所以即使少了点巧克力强烈的刺激，孩子们也可以享受到美味的饮品。这是款连平时不怎么喜欢牛奶的孩子也会比较容易接受的饮品。

──────

风味小贴士

健康、鲜脆、温和。

配料	嘉利宝黑巧克力粒	20克
	牛奶	180毫升
	薄脆片	2～3茶匙
容量	250毫升	

1 将20克的嘉利宝黑巧克力粒放入量杯中。

2 用咖啡机的蒸汽将180毫升的牛奶打发至60～65℃。

3 加入牛奶，使①完全浸没在②中。

小贴士：无须将牛奶全部加入量杯中，只要加入的量可使巧克力完全熔化即可。

4 用三角打泡器充分搅拌。

5 经过过滤器（滤网）过滤后倒入杯中。

小贴士：本配方不使用微波炉。为了让孩子们可以立马饮用，应充分冷却，这是非常重要的。饮品也有可能会洒出来，需要尽量减少可能发生的危险因素。

6 将剩下的蒸奶和奶泡倒入杯中。

7 用薄脆片进行装饰后，与勺子一起递给顾客。

小贴士：薄脆片和热巧克力相遇后，就会变得像麦片一样。巧克力加上丰富的牛奶，可以给孩子们提供充分的营养。

小建议 ： 为了让孩子们可以立马饮用，应充分冷却。最后再用手摸一下杯子确认温度，这是最为重要的步骤。

白巧克力

　　白巧克力是从可可块中提取可可脂后，与奶粉和白糖混合而成的。因为不含巧克力固形物，所以在巧克力成分上存在不足。不过牛奶的乳脂肪成分和可可脂相遇后，反而成就了口感更加丰富的美味饮品。

　　大部分的白巧克力口味偏甜，在里面加入柠檬和可可粒，橙香和酸味可以将甜味稍许减弱。再加上苦涩的味道，可以制作出味道整体均衡的饮品。

风味小贴士

均衡、柠檬的酸味、甜&苦。

配料	嘉利宝白巧克力粒	40克
	牛奶	200毫升
	柠檬片	1片
	可可粒	适量
容量	300毫升	

1 将40克的嘉利宝白巧克力粒放入量杯中。

小贴士：如果没有白巧克力碎，也可以在粉碎的可可脂中加入奶粉和少许白糖自己制作。

2 用咖啡机的蒸汽将200毫升的牛奶打发至60~65℃。

3 加入牛奶，使①完全浸没在②中。

4 用三角打泡器充分搅拌。

5 将③放入微波炉中加热20~30秒。

6 在杯底放入柠檬片。

7 将加热后的巧克力搅拌均匀后倒入杯中。

小贴士：微波炉加热的巧克力温度应足够高，这样柠檬的香味才会浓郁。

8 将剩下的蒸奶和奶泡倒入杯中后，撒上可可粒递给顾客。

小贴士：为确保装饰不妨碍饮用，应同时为顾客提供小勺子或搅拌棒等。

小建议	：	制作柠檬片时应选用新鲜的柠檬。如果是使用过的柠檬，可将切面切成薄片，去掉干燥部分，柠檬籽则使用吧勺有叉的一端去除。

榛子巧克力

　　这是一款将意大利皮埃蒙特的特产榛子巧克力作为饮品重新诠释的配方。榛子巧克力是榛子和可可混合后制成的，它是意大利式巧克力加工品中的一种。

　　榛子巧克力是由顶级的榛子酱和黑巧克力混合后制成，它和能多益（Nutella）有着显著的差异。榛子巧克力不含有棕榈油以及过多的糖，它是由有益于身体健康的可可脂和榛子黄油构成。榛子巧克力是一款在寒冷冬季里可以使身子很快暖起来的饮品。撒上经焦糖化后磨碎的榛子，可以感受到更加香喷喷的感觉。

风味小贴士

榛子、黑巧克力、坚果味、黄油般。

配料	嘉利宝黑巧克力粒	30克
	榛子酱	30克
	牛奶	200毫升
	果仁谷物	1~2茶匙
容量	300毫升	

1 将30克的嘉利宝黑巧克力粒放入量杯中。

2 用咖啡机的蒸汽将200毫升的牛奶打发至60~65℃。

3 加入牛奶，使①完全浸没在②中。

小贴士：无须将牛奶全部加入量杯中，只要加入的量可使巧克力完全熔化即可。

4 用三角打泡器充分搅拌。

5 用同样的方法将榛子酱打发成和②相同。

小贴士：将榛子酱提前分成30克一份的小份放入耐热玻璃容器中，室温保存可缩短制作时间。

6 将⑤和④混合后，用三角打泡器搅拌均匀。

7 将⑥放入微波炉中加热20~30秒。

8 将加热后的巧克力搅拌均匀后倒入杯中。

9 将剩下的蒸奶和奶泡倒入杯中后，用果仁谷物做装饰。

小建议	：	榛子酱由于自身较强的黏性，如若不提前分成小份，很难快速为顾客制作饮品。 根据预测需求，提前分成小份放入耐热容器内，作为冬季限量销售的菜单。

早苗浓郁抹茶

　　回基洞一带住着很多学习韩语的外国人。因此，来LE CHOCOLAT的顾客有一半都是外国人也就不足为奇了。

　　11月冬季的某个周末下午，韩语还很生疏的日本顾客"早苗"来到了店里，我们通过翻译软件进行了交流。我们很快便熟悉了起来，之后早苗每周至少来LE CHOCOLAT一次，是我们店的老顾客了。

　　作为日本人，早苗非常喜欢喝抹茶饮品。既是LE CHOCOLAT的菜单，又是测试阶段的"抹茶拿铁"，多亏了早苗才形成了现在的配方。之后，早苗将日本刚上市没多久的"抹茶黑巧克力"作为礼物送给了我，我制作了和它味道类似的饮品，并给它起名为"早苗浓郁抹茶"。这也算是对从顾客那得到礼物的一种感谢，只为一人量身定做的"限量饮品"就这么诞生了。因为巧克力和抹茶都是个性强烈的嗜好品，所以我们将抹茶做成了像奶油一样的，装饰在原味的热巧克力之上。

风味小贴士

抹茶、黑巧克力、微苦。

配料	嘉利宝黑巧克力粒	40克
	青山抹茶粉	10克
	南山园抹茶粉	10克
	牛奶	200毫升
容量	300毫升	

1 将40克的嘉利宝黑巧克力粒放入量杯中。

2 用咖啡机的蒸汽将200毫升的牛奶打发至60~65℃。

小贴士：奶泡须与抹茶粉单独混合，应充分打发至一定厚度。

3 加入牛奶，使①完全浸没在②中，用三角打泡器充分搅拌。

小贴士：无须将牛奶全部加入量杯中，只要加入的量可使巧克力完全熔化即可。

4 将③放入微波炉中加热20~30秒，充分搅拌后倒入杯中。

5 将青山抹茶粉10克、南山园抹茶粉10克，共计20克放入茶碗中。

6 将剩下的牛奶倒入⑤中后，用茶筅进行击拂。

小贴士：牛奶和抹茶粉的比例以1:1最为合适。

7 将⑥倒入④中。

小贴士：为了在下一个过程中放一些在奶泡上，此处应留出部分。

8 倒入奶泡后，再将剩下的⑥倒在上面。

9 用三角打泡器将饮品的表面稍稍搅拌后，撒上些南山园抹茶粉作为装饰。

小贴士：用三角打泡器轻轻搅拌饮品表面后，在中心部位收尾，可将抹茶奶油装饰得更加漂亮。

小建议 ： 用白巧克力制作时，使用不含糖的南山园抹茶粉来调节甜度。

正则浓郁树莓

2017年即将结束的时候，"正则"从日本找到了我们店里来。正则是早苗的男朋友，每次来韩国都必定要带着礼物来我们店里的。不知正则是不是羡慕早苗浓郁抹茶，竟买了同一品牌的树莓黑巧克力送给我。在寒冷的天气里立即品尝到的巧克力虽然有点凉，但是树莓的感觉反而更加清爽鲜明。树莓和黑巧克力本来就是相当有默契的材料。正好有材料，我当场就制作了热巧克力。用树莓果泥制作凉凉的奶油，像画画一样倒在饮品上，一杯为顾客量身定做的限量饮品就完成了。这款极具魅力的饮品可以让你同时感受到热气腾腾的热巧克力和凉凉的树莓奶油。在这大冬天里，要不是正则送我的这个礼物，估计我也不会有这样的想法。

风味小贴士

黑巧克力、树莓、甜&苦。

配料	嘉利宝黑巧克力粒	40克
	牛奶	200毫升
	牛奶（做奶泡用）	35毫升
	牛奶（做奶油用）	35毫升
	宝茸树莓果泥	30克
容量	300毫升	

1 将40克的嘉利宝黑巧克力粒放入量杯中。

2 用咖啡机的蒸汽将200毫升的牛奶打发至60～65℃。

3 加入牛奶，使①完全浸没在②中，用三角打泡器充分搅拌。

4 将③放入微波炉中加热20～30秒。

5 微波炉加热的同时，用法式滤压壶将冷牛奶打至发泡。

小贴士：反复操作，直到体积增大到2倍左右，感到轻微的抵抗感。将玻璃材质的法式滤压壶提前冷藏保存，制作起来更加容易。

6 依次将30克的宝茸树莓果泥、35毫升的⑤、35毫升的牛奶加入小量杯中。

小贴士1：法式滤压壶制成的牛奶奶油，黏度会提高。树莓奶油不会浮在饮品表面，而是会沉淀。

小贴士2：将果泥装在可以挤着使用的酱料容器中保存，不仅方便使用，还可缩短制作饮品的时间。

7 用迷你电动打泡器搅拌⑥，制作树莓奶油。

8 将④充分搅拌后，倒入杯中。

9 将剩下的蒸奶倒入后，把⑦像画画一样旋转着倒在⑧上。

小建议 ： 以浓黑巧克力为底制作时，浓黑巧克力将和树莓奶油形成鲜明的对比。

浓郁薄荷

　　随着2018年新年的到来，我们决定正式开始制作各种各样的热巧克力。连锁咖啡店或冰淇淋店必定会有的薄荷巧克力便是我们最初开始尝试的。薄荷含有带来清凉感的挥发性成分薄荷醇，使巧克力的余味更加清爽。除了薄荷之外，留兰香、苹果薄荷、普列薄荷也有相似的功效。

　　为了使巧克力和香料结合，突出香料所具有的特点是非常重要的。这是因为构成巧克力的480多种芳香物质中，最多的95种吡嗪类（pyrazines）所具有的香味是一般的材料所无法掩盖的。在巧克力中加入薄荷油后，再加入热泡过的薄荷奶茶，就能制作出清凉感更加强烈的热巧克力。

风味小贴士

薄荷味、新鲜、清凉。

配料	嘉利宝黑巧克力粒	40克
	薄荷油	4～5滴
	薄荷茶包	2袋
	牛奶	200毫升
	苹果薄荷	1～2片
容量	300毫升	

1 将40克的嘉利宝黑巧克力粒放入量杯中。

小贴士：如薄荷般鲜明、轻快的材料，以"浓黑巧克力"为底制作，更能凸显薄荷的清凉感。

2 向①中加入4～5滴薄荷油。

小贴士：根据巧克力的用量添加，10克巧克力加1滴薄荷油的比例比较合适。

3 将2袋薄荷茶包和200毫升的牛奶倒入蒸汽杯中，用咖啡机的蒸汽打发至60～65℃后，泡制3～5分钟。

小贴士：顾客订单较多时，最好最先制作这款饮品。为了避免被巧克力的香味沾染，茶包最好使用香味浓烈的，不要使用那种香味较淡的茶包。

4 加入③，使②完全浸没。

小贴士：茶包如有破损，可使用过滤器进行过滤。

5 用三角打泡器充分搅拌后，放入微波炉中加热20～30秒。

6 将⑤充分搅拌后倒入杯中。

7 将剩下的蒸奶和奶泡倒入杯中。

8 将一片苹果薄荷放在⑦上起到装饰的作用，递给顾客。

小建议 ： 经营Le Chocolat咖啡店时，我会向顾客展示亲手栽培的苹果薄荷花盆，并让顾客亲自挑选叶子。
通过直接挑选新鲜的材料，提升顾客对饮品的信赖度。

浓郁伯爵红茶

伯爵是一款加香红茶，添加了从柠檬皮中提取的油，这款红茶非常大众化。因此，添加了黑巧克力和伯爵的甘纳许也是比较常见的组合。再加上柠檬这种柑橘类水果的强烈酸味，我很好奇二者相遇会产生一种什么样的味道，于是就开发了这款饮品。这款热巧克力可以让人同时感受到巧克力、伯爵、柠檬这三种复合的味道和香味。

风味小贴士

伯爵奶茶、浓郁、高贵、酸（可选）。

配料	嘉利宝黑巧克力粒	20克
	梵豪登深棕可可粒	20克
	伯爵茶包	2袋
	牛奶	200毫升
	宝茸柠檬果泥	根据口味选择添加
容量	300毫升	

1 将嘉利宝黑巧克力粒和梵豪登深棕可可粉各20克，共计40克放入量杯中。

小贴士：如伯爵般给人一种沉稳感觉的材料，若以"浓黑巧克力"为底制作饮品，则可增加饮品的厚重感。

2 将2袋伯爵茶包和200毫升的牛奶倒入蒸汽杯中，用咖啡机的蒸汽打发至60～65℃后，泡制3～5分钟。

小贴士：顾客订单较多时，最好先制作这款饮品。为了避免被巧克力的香味沾染，茶包最好使用香味浓烈的，不要使用那种香味较淡的茶包。

3 加入牛奶，使①完全浸没在②中。

4 用三角打泡器充分搅拌。

5 将④放入微波炉中，加热20～30秒。

6 将⑤充分搅拌后倒入杯中。

7 加入剩下的蒸奶和10～15毫升的宝茸柠檬果泥后，再次搅拌均匀。

小贴士：确认顾客对酸味的喜好程度调节用量，也可放入小壶中，让顾客自行添加。

小建议 ： 如果是以吧台形式运营的咖啡店，在制作饮品的时候请向顾客详细说明材料的相关情况。不管是什么食物，吃的时候对食物本身是否了解，对食用者来说有着很大的差异。

红辣椒

　　我到现在都还记忆犹新的是，2018年的1月的天气特别冷。将气温降到零下15℃以下的寒流持续了将近一周的时间。Le Chocolat咖啡店开业以来，100天里只休息了不到3天，可能是非常累的原因吧，我好像有点得了重感冒的感觉。我本身就是那种得了感冒也没法吃药的过敏体质，为了能尽量将身子暖起来，我在热巧克力中加了意大利辣椒（辣）。其实，加入辣椒的热巧克力是各家巧克力咖啡店都很常见的菜单。这种独特的饮品喝一口之后，开始会觉得又苦又甜，之后食道会感到辣辣的刺激。为了增添隐隐的辣味，我们在饮品中添加了红胡椒，并以20世纪80年代美国摇滚乐队的名字来命名这款饮品。

风味小贴士

红胡椒、辣椒、热辣、辛辣、暖和。

配料	嘉利宝黑巧克力粒	40克
	意大利辣椒	6～8个
	红胡椒粒	12～16个
	牛奶	200毫升
	辣椒粉	1茶匙
容量	300毫升	

1 准备6～8个意大利辣椒和12～16个红胡椒粒。

小贴士：根据个人口味进行增减。

2 将40克的嘉利宝黑巧克力粒放入量杯中。

小贴士：根据个人口味，也可用"浓黑巧克力底"来制作。

3 将①和200毫升的牛奶倒入蒸汽杯中，用咖啡机的蒸汽打发至60～65℃后，泡制3～5分钟。

小贴士：想要辣味更重的话，泡制5分钟左右。

4 将③用过滤器过滤后倒入②中，使之完全浸没。

5 用三角打泡器充分搅拌。

6 将⑤放入微波炉中，加热20～30秒。

7 将⑥充分搅拌后倒入杯中。

8 倒入奶泡。

9 将1茶匙的辣椒粉撒在⑧上后，递给顾客。

小建议 ： 要通过几次测试，确认泡制意大利辣椒的时间。重要的是，做出来的饮品所释放出的辣味，要让喝的人感觉到愉悦，而不是刺激。

全素热巧克力

适合素食主义者

　　有些顾客听说庆熙大学附近有一家专门经营热巧克力的咖啡厅，便从很远的地方赶来，不过最终却遗憾地停下了脚步。这些顾客有些是体质上本就无法消化牛奶，有些则是因伦理信仰问题严格追求素食。为了这些顾客，我们直接使用豆奶来制作饮品，价格方面也相应给予优惠，根据顾客体质来制作饮品。我们使用了公正贸易的椰子油来制作饮品，力图追求乳脂肪丰富细腻口感的同时，也能符合顾客的要求。此外，还添加了些酸橙汁来中和整体的口感，再用椰子肉来做装饰。这是款利用结构不同的两种脂肪相遇时产生的共熔现象*制成的饮品。

*共熔现象：结构相异的脂肪相遇时，在低于原来熔点的温度下熔化的现象。

风味小贴士
甜、鲜脆、健康。

配料	嘉利宝黑巧克力粒	40克
	豆奶	200毫升
	椰子油	5克
	酸橙汁	1茶匙
	椰蓉	适量
容量	300毫升	

1 将40克的嘉利宝黑巧克力粒放入量杯中。

2 用咖啡机的蒸汽将200毫升的豆奶打发至60～65℃。

3 加入豆奶，使①完全浸没在②中。

4 用三角打泡器充分搅拌。

5 加入5克的椰子油后，再次用三角打泡器充分搅拌。

6 将⑤放入微波炉中，加热20～30秒。

7 向⑥中加入1茶匙的酸橙汁充分搅拌后倒入杯中，将剩下的豆奶也倒入杯中。

8 将椰蓉撒在⑦上后，递给顾客。

小建议 ： 椰子油在常温下也容易凝固，可放在有热气的咖啡机或饮水机上，以方便直接使用。

抹茶焦糖拿铁

到目前为止，已经习惯了用巧克力粉来制作热巧克力。现在，我们要通过直接熔化调温巧克力来制作饮品了。借助蒸奶和微波炉，想要在短时间内制作一杯饮品也不算什么太难的事。

顾客偶尔给的一些零食，成了巧克力饮品的新创意来源。这款饮品是在焦糖中添加抹茶香的产品。抹茶与巧克力有着很大的不同，它那种又苦又甜的口感非常有魅力，这里我们就把它的这种魅力通过饮品的形式表现出来。这款饮品用添加了焦糖香的白巧克力制成焦糖拿铁后，配以适量的抹茶粉，以达到均衡。

风味小贴士

焦糖、抹茶、甜&苦。

配料	可可百利和风焦糖白巧克力	40克
	牛奶	200毫升
	南山园抹茶粉	15克
容量	300毫升	

1 将40克的可可百利和风焦糖白巧克力放入量杯中。

2 用咖啡机的蒸汽将200毫升的牛奶打发至60~65℃。

3 加入牛奶，使①完全浸没在②中。

4 用三角打泡器充分搅拌。

5 将一部分的②倒入装有南山园抹茶粉的茶碗中，用茶筅进行击拂。
小贴士：用水代替牛奶，茶的味道会更加明显。想要调节苦味的，将南山园抹茶粉以5克为单位进行调整。

6 将④放入微波炉中，加热20~30秒，用三角打泡器充分搅拌后倒入杯中。
小贴士：使用微波炉加热，比只用蒸奶更加容易使巧克力熔化。在熟练操作之前最好使用过滤器过滤，以免有残留感。

7 倒入蒸奶后，将⑤在饮品上方以画圆的形式慢慢倒入杯中。

8 用三角打泡器充分搅拌混合。

9 撒上些许南山园抹茶粉装饰后，递给顾客。

小建议 ： 用和风焦糖白巧克力来制作的话，这就成了一杯热腾腾的"焦糖拿铁"。用意式浓缩咖啡代替抹茶，适当混合调节甜度就成了一杯"焦糖咖啡拿铁"。

血橙咸焦糖

　　血橙是一种有着西柚和柑橘复合味道的水果，橙子中维生素C含量很高。将血橙适中的酸味和苦味融入白巧克力中，可降低白巧克力的甜味，使之更加适合制作饮品。水果的酸性成分与牛奶蛋白质结合，有助于提高与白巧克力的结合力。20世纪70年代法国的Caramelier Henri Le Roux最早将盐加入到焦糖中，这一组合至今仍是非常受喜爱且完美的组合。

风味小贴士

焦糖、橙子、西柚、甜、咸。

配料	可可百利和风焦糖白巧克力	40克
	牛奶	200毫升
	宝茸血橙果泥	15毫升
	咸焦糖巧克力珍珠	适量
容量	300毫升	

1 将40克的可可百利和风焦糖白巧克力放入量杯中。

2 用咖啡机的蒸汽将200毫升的牛奶打发至60～65℃。

3 加入牛奶，使①完全浸没在②中。

4 用三角打泡器充分搅拌。

5 ④充分熔化后，加入15毫升的宝茸血橙果泥。

6 用三角打泡器充分搅拌，放入微波炉中加热20～30秒。

7 用三角打泡器将⑥充分搅拌后倒入杯中。

8 用剩下的蒸奶和奶泡将杯子填满。

9 将咸焦糖巧克力珍珠磨碎撒在饮品上，递给顾客。

小建议 ：只使用咸焦糖巧克力珍珠时，可能咸味没有那么明显。根据个人喜好，在熔化巧克力的阶段可适量添加粗盐以突出咸味。

生姜

　　顾客给的巧克力包装袋我没有扔掉，一直放着倒成了创意的灵感来源了。以1955年成立的德国海勒曼（Heilemann）的"生姜黑巧克力"为主题，充分发挥生姜和牛奶的优势，我制作了一款适合运动后饮用的热巧克力。

　　生姜中含有的强烈抗氧化物质——姜酚（shogaols）和姜酮（zingerone）有助于缓解运动后的酸痛。运动后摄取牛奶，其中的牛奶酪蛋白成分消化和吸收较慢，因此可以长时间停留在体内，最大程度减少肌肉流失，有助于肌肉的合成。（PlosOne2017年5月刊载）[*]，再加上有助于缓解疲劳和适当补充能量的巧克力，没有比这更好的运动饮品了吧？

*Effects of milk product intake on thigh muscle strength and NFKB gene methylation during home-based interval walking training in older women:A randomized, controlled pilot study

---

风味小贴士
姜、热辣、暖和、健康。

配料	嘉利宝白巧克力粒	40克
	牛奶（生姜冷浸）	200毫升
	生姜或生姜粉	适量
容量	300毫升	

1 1升牛奶中加入4片生姜，冷浸一天。

　小贴士：使用带泥生姜时，应充分清洗干净再切成薄片。

2 将40克的嘉利宝白巧克力碎放入量杯中。

　小贴士：想要简单些时，可以省略①的步骤，直接加入15克的生姜粉。

3 用咖啡机的蒸汽将①中的牛奶200毫升打发至60～65℃。

4 加入③，使②完全淹没。

5 用三角打泡器充分搅拌。

6 将⑤放入微波炉中，加热20～30秒。

7 将⑥充分搅拌后，经过滤器过滤后倒入杯中。

8 将剩下的蒸奶和奶泡全部倒入杯中。

9 放上1～2片生姜，递给顾客。

　小贴士：根据个人喜好，也可添加蜂蜜或肉桂。

小建议	：	也可用黑巧克力或浓黑巧克力为底制作，生姜是适合所有未加香味的巧克力的一种材料。

甜椒

  2018年12月28日，在回基洞的最后一个年末就这么悄然而至了。时隔一年，再次找上门来的顾客要求将"辣巧克力"做得"不要像上次那么辣"。于是，我就将找不到用途的甜椒果泥添加到之前的食谱中，打造出一款辣中带甜的热巧克力。由于已经是打算关掉Le Chocolat咖啡店的时期，这款饮品也就成了在回基洞最后制作的一款黑巧克力饮品。

  作为制作材料的红椒，也称为甜椒（piment，法语）或彩椒（paprika，荷兰语）。其词源只是拉丁语和希腊语的差异而已，在植物学上指的都是一种植物。唯独在韩国和日本市场没有人气的甜椒，因当时的宗主国荷兰将其改名后作为改良商品重新推出到市场上，从而导致现在的混乱局面。

  虽然多少存在争议，但收录在《国语词典》中的"甜椒和彩椒的差异"并不是植物学上的区别。它是通过流通时间来进行区分，将之前的称为甜椒，现在的称为彩椒。随着皮的变厚和糖度的提高，甜椒的辣味减少了，但它并没有成为另一种蔬菜。

风味小贴士

辣椒、辣、甜、暖和。

配料	嘉利宝黑巧克力粒	40克
	意大利辣椒	5~6个
	宝茸甜椒果泥	20克
	牛奶	200毫升
	肉桂棒	1根
容量	300毫升	

1 将40克的嘉利宝黑巧克力粒和20克的宝茸甜椒果泥放入量杯中。

2 将5~6个意大利辣椒和200毫升的牛奶倒入蒸汽杯中。

3 用咖啡机的蒸汽将②打发至60~65℃后，泡制3~5分钟。

4 利用过滤器将③过滤到①中，使之完全淹没。

5 用三角打泡器充分搅拌。

6 将⑤放入微波炉中，加热20~30秒。

7 将⑥充分搅拌后，经过滤器过滤后倒入杯中。

8 将剩下的蒸奶和奶泡倒入杯中。

9 用手动刨丝器将肉桂棒磨碎后撒少许在饮品上做装饰，递给顾客。

小建议 ： 如果没有甜椒果泥，也可以将彩椒和少许水混合，用食物处理器粉碎后使用。

夏林的配方

　　对来Le Chocolat三次以上的顾客，作为感谢我会记下顾客的生日，在生日当天给每人做一杯热巧克力。就读于庆熙大学食品营养系的老顾客夏林因为好奇在某食谱书上看到的配方，拿着材料来到了店里。刚好那天又是她的生日，一方面是完成顾客交给的任务，一方面又是表达对老顾客的感谢，因此开发了这一配方。

　　准确掌握各种材料的特征，种类再多也能找到相互合适的平衡，如此组合而成的饮品能够成为一家咖啡店标志性的饮品。得益于夏林的创意，以焦糖白巧克力为底，添加有霉味的戈贡佐拉干酪、香喷喷的核桃酱、香甜的西洋梨果泥和蜂蜜，打造出一款充满魅力要素的热巧克力。

风味小贴士

焦糖、太妃糖、核桃、蜂蜜、戈贡佐拉干酪。

配料	嘉利宝黄金焦糖白巧克力	40克
	牛奶	200毫升
	核桃酱	8克
	戈贡佐拉干酪	8克
	宝茸西洋梨果泥	15毫升
	蜂蜜	适量
	核桃（装饰）	适量
容量	300毫升	

1 将40克的黄金焦糖白巧克力放入量杯中。

2 用咖啡机的蒸汽将200毫升的牛奶打发至60～65℃。

3 加入牛奶，使①完全浸没在②中，用三角打泡器充分搅拌。

4 加入15毫升的宝茸西洋梨果泥、8克的戈贡佐拉干酪和8克的核桃酱。

5 再次用三角打泡器充分搅拌后，放入微波炉中加热20～30秒。

6 将剩下的蒸奶倒入后，再将奶泡也全部倒入。

7 撒上捣碎的核桃，根据个人喜好添加或单独提供蜂蜜。

小建议 :
核桃酱制作方法
1. 为了去除苦味，将核桃在沸水中稍微焯一下。
2. 用平底锅炒干水分。
3. 用食物处理器将核桃磨碎，随着脂肪成分研磨成酱的状态。
4. 放入瓶中保存。

Part 06

冰巧克力配方

普通咖啡店里的冰巧克力
制作的时候放了非常多的冰块，不仅巧克力的量不多，
过了一段时间，冰块融化后，味道也变得非常淡了。
本书配方不使用水和冰块，
而是将熔化了的巧克力加入牛奶中，急速冷冻后磨碎使用。
即使长时间放置也不易熔化，
能够一直品尝到纯正的巧克力味。

Iced Chocolate Recipe

冰黑巧克力

制作冰巧克力可没想象中的那么简单。这是因为，不仅要将牛奶和可可脂这两种乳化液混合，而且还要将固形物可可块强制混合，同时还要将整体的温度控制住。

一般咖啡店里使用较多的糖类加工品和半甜巧克力，价格相对低廉，含有多种乳化剂添加物。因此，混合起来比较容易。但是，糖的含量高，甜味重，代可可脂的材料残留感强。这也是最终制作完成的巧克力饮品让人们对其有抗拒感的一个重要原因。

巧克力饮品在经过一段时间后，会出现沉淀或分离，是悬浮液的一种。这也是巧克力饮品不能算是完全乳化食品的一种证据。乳化状态是要在长时间放置的情况下，也不会出现分离才行。为了解决这一问题，本配方中介绍了一个好的方法：将巧克力和牛奶充分搅拌后，急速冷冻，制造出一种暂时的乳化状态。正式制作饮品之前，再使用搅拌器将之粉碎。

使界面张力最小化，让饮品在饮用的期间内，不会出现分离现象。由于我们在制作巧克力饮品的过程中，没有加入冰块或水。所以就算放置一段时间，巧克力饮品的浓度也不会随着时间而变淡。

本配方将作为之后其他和黑巧克力混合的冰饮品的底使用（称为"黑巧克力底"）。也可以看成是制作鸡尾酒时，作为基础酒的烈酒。

风味小贴士

黑巧克力、半甜、微苦。

配料	可可百利坦桑尼亚黑巧克力75%	1020克
	牛奶（做底用）	3000毫升
	牛奶（使用搅拌器时）	100毫升
容量	360毫升×16	

1 在电磁炉或煤气灶上放置汤锅后，放入1020克的调温黑巧克力，使之熔化。

小贴士：与牛奶混合后，黑巧克力本身的味道将会变淡。因此，选择可可块含量较高的调温黑巧克力比较合适。相对于只使用一种巧克力，混合多种巧克力制作，更能打造富有个性的标志性饮品。

2 巧克力充分融化后，加入一盒牛奶（1000毫升），使用刮刀从中间部分开始，充分搅拌混合。

小贴士：开始制作之前，将牛奶稍微加热，或提前将牛奶放置在常温下，会更容易混合。

3 充分混合后，加入剩下的两盒牛奶（2000毫升），用刮刀充分搅拌混合。

4 使用手工搅拌器充分搅拌，使之没有颗粒感。

小贴士：使用底部平整，能够看到里面的强化玻璃汤锅，相对更加容易些。

5 稍微放凉后，使用手动搅拌器进行二次搅拌，"黑巧克力"的底就这样完成了。

小贴士：放凉的过程中，如果盖上锅盖，水蒸气则会凝聚与饮品混合。因此，在放凉的过程中，最好不要盖锅盖。

6 将⑤装入到点胶机中，以250毫升为一小份，装入300毫升的杯中。

小贴士：以250毫升为一份，总共可以制作16杯的黑巧克力底饮品。最好使用能够放入微波炉中使用的PP容器或者硅胶容器。

7 将分成小份的巧克力放在托盘上，放入零下18℃的冰柜里，冷冻12小时以上。

8 经过12小时后，将⑦放入微波炉中加热20秒左右（1000W），便可轻易脱模。

9 将⑧和100毫升的牛奶放入搅拌器中，粉碎后装入杯中，递给顾客。

小建议 ： 到第5步为止，可以不用冷冻起来。将饮品装入瓶中，保持冷藏状态，也可直接销售。但是，请务必标示出"开封前请充分摇晃"，以此来委婉表达"巧克力饮品不能完全乳化"的意思。

冰白巧克力

　　夏季最受欢迎的饮品法布奇诺（星冰乐，Frappuccino），由加冰（frappe）和奶泡丰富的咖啡品种卡布奇诺（cappuccino）组成的复合名词。法布奇诺（星冰乐）是星巴克的注册商标，也是星巴克一款极具代表性的产品。

　　白巧克力多用于一口大小的夹心巧克力上。实际上如果用白巧克力来制作冰饮品，它拥有着和法布奇诺（星冰乐）类似质感。同时，由于白巧克力添加了可可脂，用它做成冰饮品的口感将会更加丰富、更加具有吸引力。与法布奇诺（星冰乐）不同的是，冰白巧克力完全没有使用水或冰块，经过一段时间之后，口感也不会变淡。

　　白巧克力是一种已经添加了白糖，甜味度较高的材料。作为热饮时，可能不太好控制甜味。但是，冷冻之后不太容易感受到甜味，可以和多种材料搭配使用，灵活度也变高了。我有时都在想，白巧克力的真正用途是不是就是为了冰饮品准备的呢？

　　本配方将作为之后其他和白巧克力混合的冰饮品的底使用（称为"白巧克力底"）。

风味小贴士

白巧克力、冷、加冰、细腻。

配料	可可百利白绸白巧克力	900克
	牛奶（做底用）	3000毫升
	牛奶（使用搅拌器时）	100毫升
容量	360毫升×16	

1 在电磁炉或煤气灶上放置汤锅后，放入900克的调温白巧克力，使之熔化。

小贴士：饮品丰富的口感可以通过调节白巧克力的使用量来进行控制。

2 巧克力充分熔化后，加入一盒牛奶（1000毫升），用刮刀从中间部分开始，充分搅拌混合。

小贴士：开始制作之前，将牛奶稍微加热，或是提前将牛奶放置在常温下，这样会更容易混合。

3 充分混合后，加入剩下的两盒牛奶（2000毫升），用刮刀充分搅拌混合。

4 使用手工搅拌器充分搅拌，使之没有颗粒感。

5 稍微放凉后，使用手动搅拌器进行二次搅拌，"白巧克力"的底就这样完成了。

小贴士：在放凉的过程中，由于表面张力，饮品的表面可能会产生一层膜。使用手工搅拌器充分搅拌之后，倒入点胶机中时，可以使用过滤器将杂质过滤掉，减少异物感。

6 将⑤装入到点胶机中，以250毫升为一小份，装入300毫升的杯中。

小贴士：以250毫升为一份，总共可以制作16杯的白巧克力底饮品。最好使用能够放入微波炉中使用的PP容器或者硅胶容器。

7 将分成小份的巧克力放在托盘上，放入零下18℃的冰柜里，冷冻12小时以上。

8 经过12小时后，将⑦放入微波炉中加热20秒左右（1000W），便可轻易脱模。

9 将⑧和100毫升的牛奶放入搅拌器中，粉碎后装入杯中，递给顾客。

小贴士：加入20毫升的柠檬汁可以减少乳臭味。

小建议	：	白巧克力底可以同各种水果很好地融合在一起。因此，推荐不同季节搭配不同的时令水果制作饮品，风味更佳。

芒果心

　　2017年的最后一天，在一家甜品店工作的弟弟玄宇拿着一大抱的礼物来到我的咖啡店里。玄宇现在虽然在日本学习甜点，但偶尔回韩国时，一定会联系我。玄宇送来的礼物中，有日本表参道芒果奶油，仅一小匙就能感觉到甜丝丝的，齿颊留香的感觉非常好。正好这个时候我在想着开发冰巧克力饮品，把芒果果泥做成像奶油一样，然后按照玄宇的昵称"里面（innoir）"那样，将芒果果泥放入冰黑巧克力的内部。正如某本书中写到的那样，"巧克力本身就是水果，尽情吃也没问题。"这款饮品可以让你体会到巧克力和芒果的组合有多么地美妙。

风味小贴士

芒果、黑巧克力、果香。

配料	黑巧克力底（参见121页）	250克
	牛奶或鲜奶油（装饰用）	60毫升
	牛奶（使用搅拌器时）	100毫升
	宝茸芒果果泥	30毫升
容量	300毫升	

1 将牛奶用法式滤压壶注入空气，打造与鲜奶油一样的质感。

2 按照顺序将30毫升的宝茸芒果果泥和60毫升①中的牛奶放入小的量杯中。

小贴士：将法式滤压壶里剩下的牛奶放入冰箱保存，有顾客点单时，随时取用。

3 用电动迷你打泡器将②打发成奶油状。

4 按照121页的方法将完成的黑巧克力底做成冰巧克力。

5 将③和④混合之后，递给顾客。

小贴士：如装杯时使用的是透明杯子，先放入芒果奶油，然后再放冰巧克力。如果是纸杯，则是像画画一样将芒果奶油倒在饮品上。

小建议 ： 制作水果奶油时，加入少量相似味道的糖浆，可获得黏性更高的奶油质感。

柚子

　　柚子是在白巧克力底中，加入韩国全罗南道高兴郡柚子后，制成的一款冰巧克力。白巧克力一不小心就可能会让对乳臭味敏感的顾客产生一种排斥的心理。但它与清爽的柑橘类水果混合后，甜味变淡，再适当添加点酸味，便可以打造出类似酸奶果昔般的口感。

　　柚子自古就有药用的效果。柚子果皮可食用，且具有生理活性。用果酱和白巧克力搭配，可以根据季节轻松打造丰富多彩的菜单。

风味小贴士

柑橘、白巧克力、甜。

1

2

3

4

5

配料	白巧克力底（参见125页）	180克
	牛奶	100毫升
	柚子果酱	90克（1杯量）
容量	360毫升	

1 将90克的柚子果酱放入300毫升的容器中，容器为可以放入微波炉中使用的PP容器或者硅胶容器。装好后放入零下18℃的冰柜里，冷冻6小时以上。

2 将180克的白巧克力底加入到①中，冷冻12小时以上。

小贴士：冰柜里，水分汽化后，质量会减少5~10克。

3 将②放入微波炉中，加热20秒左右（1000W），便可轻易脱模。

4 将③和100毫升的牛奶放入搅拌器中，粉碎后装入杯中。

5 放上柚子果酱后，递给顾客。

小建议	：	柚子的魅力就在其果皮上。将柚子果泥分成小份时，以果皮为主，使用搅拌器时，注意不要粉碎得太细。

白色抹茶

　　白色抹茶是在白色巧克力底中加入南山园抹茶粉，味道浓郁的同时也不会太甜的一款饮品。南山园抹茶粉中含有15%的小球藻（chlorella），因此黏性增加，饮品的口感更上一层楼。

　　有些人误以为使用小球藻是为了让颜色更深，其实不是这样，添加小球藻是为了补充不足的营养素。在日本，50岁以上的人口中就有70%以上的人都在服用小球藻，是一种长期保持销量第一的代表性健康食品。韩国也将螺旋藻（spirulina）和小球藻一起列为健康功能性食品，而且它作为美国宇航局（NASA）的宇航员食品也是备受瞩目。考虑上述因素，与现有的甜度较高的绿茶饮品相比，白色抹茶在营养方面是一款更加健康的饮品。

风味小贴士
抹茶、白巧克力、半甜。

配料	白巧克力底（参见125页）	190克
	南山园抹茶粉	30克
	牛奶（击拂时）	80毫升
	牛奶（使用搅拌器时）	100毫升
容量	360毫升	

1 将30克的南山园抹茶粉放入茶碗中（1杯量）。

2 将牛奶加热到60~65℃。

3 将①和②一起击拂。

   小贴士：牛奶和抹茶的比例以2：1最为合适。击拂2次，使总质量达到80克后装入容器中。使用水代替牛奶时，冷冻后冰质会变得细密，坚硬到难以用搅拌器粉碎的程度。

4 将③放入300毫升的容器中，容器为可以放入微波炉中使用的PP容器或者硅胶容器。装好后放入零下18℃的冰柜里，冷冻6小时以上。

5 将190克按照125页的方法制作完成的白巧克力底加入到④中，冷冻12小时以上。之后，放入微波炉中加热20秒左右（1000W），便可轻易脱模。

   小贴士：减少白巧克力底的用量，抹茶的味道和香味将会变得更加明显。

6 将⑤和100毫升的牛奶放入搅拌器中，粉碎后装入杯中。

7 使用法式滤压壶打发成奶油状。

8 将⑦加入⑥中，使之填满。

9 撒上少许抹茶粉后，递给顾客。

小建议 ：	不一定非要使用本书中介绍的南山园抹茶粉。你应该不断寻找和研究适合自己喜好的材料，制作出自己的标志性饮品。

深紫

　　深紫是一款在黑巧克力底上加入黑加仑果泥的饮品。使用的宝茸黑加仑果泥为24°Bx（白利度），看起来甜味好像很浓。但是，白利度并不单纯意味着甜度，它也表示含有盐、蛋白质、酸等。将黑巧克力底和黑加仑一起搅拌，牛奶蛋白质成分与黑加仑中含有的糖和酸性成分相遇，紧密凝结，形成如酸奶果昔般黏性较强的饮品。黑加仑是为数不多的能够抑制巧克力香味的水果之一，黑加仑的花青素含量较高，可以使最终完成的饮品呈现出一种迷人的紫色。

风味小贴士

黑加仑、黑巧克力、果香。

配料	黑巧克力底（参见121页）	190克
	宝茸黑加仑果泥	80克
	牛奶	100毫升
容量	150毫升×2（2人份）	

1 将80克的宝茸黑加仑果泥放入300毫升的容器中，容器为可以放入微波炉中使用的PP容器或者硅胶容器。装好后放入零下18℃的冰柜里，冷冻6小时以上。

2 将190克按照121页的方法制作完成的黑巧克力底加入到①中，冷冻12小时以上。

3 将②放入微波炉中加热20秒左右（1000W），便可轻易脱模。之后，与100毫升的牛奶一起放入搅拌器中粉碎。

4 倒入2个小杯子里。
   小贴士：因是黏度较高的饮品，所以需要用酒吧勺刮一下。

5 与勺子一起递给顾客。

小建议	：	如果只做一杯的量，很难用搅拌器进行粉碎。由于这是一款量很少也会使人饱腹感很强的饮品，因此最好是把它打造成一个双人套餐。

拉马努金

这是一款以印度数学家"斯里尼瓦瑟·拉马努金（Srinivasa Ramanujan）"名字命名的饮品，是为现居美国的韩国科学技术院K博士特别准备的限量饮品。因为K先生比较喜欢奶茶，所以特意用白巧克力和包括印度红茶在内的多种红茶制作而成。

在K先生离开韩国之前，我拜托他帮着想一下限量饮品的名称，同时出一道题，这道题如下。

问题：可以用两个立方数的和来表达，且表达的方法有两种，这样的数最小是多少？

答案：$1^3+12^3=9^3+10^3=1729$

这是一道很难解的数学问题，不过稍微搜索一下电影《知无涯者》中真实存在的人物拉马努金相关内容就会找到"1729"这个答案。我们这次的活动就是将这款饮品出售给解出这道题的顾客。现在想来，虽然多少有些烦琐，不过还是有很多顾客积极参与到其中。想来如果不是平时与顾客积攒下来的情分，这样的活动是很难开展起来的。这款饮品对我来说是非常有意义的，它让我感受到了咖啡店是需要跟顾客经常交流沟通，共同去打造的一个空间。

风味小贴士

红茶、奶茶、半甜。

配料	白巧克力底（参见125页）	170克
	皇家泰勒约克夏金装茶	60克
	伯爵红茶茶包	2袋
	牛奶（冷浸用）	1000毫升以上
	牛奶（使用搅拌器时）	100毫升
容量	360毫升	

1 将60克的约克夏金装茶和2袋伯爵红茶茶包放入1000毫升牛奶中，用小火慢煮浸泡。

  小贴士：放入冰箱冷浸一天以上，能够减少苦味。根据个人喜好，冷浸24～72小时。长时间冷藏时，使用密闭容器。

2 将100克的①放入300毫升的容器中，容器为可以放入微波炉中使用的PP容器或者硅胶容器。装好后放入零下18℃的冰柜里，冷冻6小时以上。加入170克按照125页的方法制作完成的白巧克力底，冷冻12小时以上。

  小贴士：用①来制作白巧克力底时，奶茶的感觉会更加明显。

3 将②放入微波炉中，加热20秒左右（1000W），便可轻易脱模。之后，与100毫升的牛奶一起放入搅拌器中粉碎。

4 撒上少许红茶后，递给顾客。

小建议 ： 将步骤1的红茶材料放入白巧克力底中冷浸，这一做法可最大限度地减少白巧克力特有的乳臭味。

白色榛子

　　炎炎夏日，喝一杯凉快的五谷粉，可以带来丰富的营养和充实感，有助于战胜酷暑。将白巧克力和100%的榛子酱混合后，可以制作出和五谷粉感觉非常相似的健康饮品。榛子黄油具有像五谷粉一样的黏性，香喷喷的口感一直持续到最后一口。

　　在榛子产量最多的土耳其，有句俗语叫"一把榛子可守护一生的健康"。虽然品种不同，但其在韩国也被称为"榛子"。在《东医宝鉴》和《朝鲜王朝实录》中，多次提到"榛子是提高气力，注入活力的坚果。"俊宇在军队服役期间，每当休假时都会准时到访Le Chocolat，白色榛子也是为喜爱坚果的俊宇特别准备的限量饮品。

风味小贴士

榛子、坚果、黄油般。

配料	白巧克力底（参见125页）	180克
	榛子酱	100毫升
	牛奶	100毫升
容量	360毫升	

1 将榛子酱和牛奶按照1：1的比例，用手动搅拌器混合后，放入300毫升的容器中，容器为可以放入微波炉中使用的PP容器或者硅胶容器。装好后放入零下18℃的冰柜里，冷冻6小时以上。
小贴士：将牛奶稍微加热后使用，更易混合。

2 将180克按照125页的方法制作完成的白巧克力底加入到①中，冷冻12小时以上。之后，放入微波炉中加热20秒左右（1000W），便可轻易脱模。

3 将②与100毫升的牛奶一起放入搅拌器中粉碎。

4 装入杯中，递给顾客。

小建议 ： 榛子糖浆香和榛子香完全不同。每当有机会的时候，我都会积极地向顾客介绍二者的区别。
宣传好材料有什么特别之处也是营销的一部分。

冰炼乳咖啡巧克力

　　这是一款以现在在韩国也广为人知的越南式"冰炼乳咖啡"为主题，使用充满咖啡香气的巧克力制成的类似星冰乐的饮品。使用可可百利传统系列中的最爱咖啡54%，按照制作黑巧克力底的方法制作底。将事先泡好的越南G7咖啡冷藏保存后，制作时与炼乳一起粉碎，即可打造一杯香甜的饮品。这是一款能够帮你克服高湿度、炎热天气的饮品。

风味小贴士

咖啡、香甜拿铁。

1

2

3

4

配料	可可百利传统最爱咖啡54%底	250克
	G7速溶咖啡	根据喜好控制用量
	炼乳	25～30毫升
容量	300毫升	

1 将G7咖啡冲泡好之后，放入冰箱中冷藏保存。

小贴士：冲泡咖啡时，尽可能冲泡得浓一些，使苦味更加突出。这样，在添加炼乳时，对比才会明显。

2 按照121页中制作黑巧克力底的方法，使用最爱咖啡54%制作底。之后，放入微波炉中加热20秒左右（1000W），便可轻易脱模。

3 将②与100毫升的①、炼乳一起放入搅拌器中粉碎。

4 装入杯中，递给顾客。

小建议	：	将椰子果泥和椰奶混合的底冻好，用搅拌器粉碎后，稍加装饰便成了一杯"椰奶咖啡"。

焦糖 & 草莓

　　焦糖的香甜源自一种称为"呋喃酮（furaneol）"的成分，这种成分在草莓中也被发现了，因此也被称为"草莓呋喃酮（strawberry furanone）"。焦糖的香甜和草莓的香甜可谓是同宗同源了。像这样，将两种以上材料混合时，看似相互冲突。但只要两者具有相似的成分，就不会太糟糕，能够很好地融合在一起。

风味小贴士

焦糖、草莓、甜。

配料	可可百利金装	900克（单独使用时可制作15杯）
	法芙娜灵感草莓巧克力	900克（单独使用时可制作15杯）
	牛奶（制作底时使用）	3000毫升
	牛奶（使用搅拌器时）	100毫升
容量	300毫升	

1 按照制作白巧克力底的方法，使用可可百利金装制作底。将135克的底放入300毫升的容器中，容器为可以放入微波炉中使用的PP容器或者硅胶容器。之后，冷冻12小时以上。

小贴士：单独将270克的可可百利金装底冻上，这就成了"冰焦糖拿铁"。

2 按照125页中制作白巧克力底的方法，使用法芙娜灵感草莓巧克力制作底。将135克用法芙娜灵感草莓巧克力制作的底加入到①中，冷冻12小时以上。

小贴士：将180克的②和90克的草莓果泥放在一起，冷冻成一个整体，这就成了"草莓白巧克力"。

3 将②放入微波炉中，加热20秒左右（1000W），便可轻易脱模。之后，与100毫升的牛奶一起放入搅拌器中粉碎。

4 装入杯中，递给顾客。

小建议 ： 制作单个底时，可以不必遵循本书中的配方。添加风格匹配的辅料（茶、糖浆、利口酒等），便可打造出更加富有个性的饮品。

西番莲、芒果 & 橙子

西番莲是一种第一次品尝的人也会喜欢的亚热带水果，其极具魅力的酸味，也使其经常用作巧克力甘纳许的材料。近年来因为气温升高，韩国也开始栽培"西番莲"了。巧妙使用法芙娜灵感西番莲巧克力，可轻松制作出各种饮品和甜点。使用川宁的西番莲、芒果&橙子茶制作底，配以宝茸芒果果泥和橙汁，打造出清凉且果香浓郁的饮品。

风味小贴士

西番莲、芒果、橙子、果香。

配料	法芙娜灵感西番莲巧克力	900克（15杯量）
	宝茸芒果果泥	100克（1杯量）
	川宁西番莲、芒果&橙子茶包	4袋（15杯量）
	橙汁	100毫升（1杯量）
容量	360毫升	

1 将100克的宝茸芒果果泥放入300毫升的容器中，容器为可以放入微波炉中使用的PP容器或者硅胶容器。之后，放入零下18℃的冰柜里，冷冻6小时以上。

2 将4袋川宁西番莲、芒果&橙子茶包和170克按照125页中制作白巧克力底的方法，使用法芙娜灵感西番莲巧克力制作的底一起放入①中，冷冻12小时以上。
小贴士：茶包提前在牛奶中冷浸或单独制作成奶茶后，用于制作底。

3 将②放入微波炉中，加热20秒左右（1000W），便可轻易脱模。之后，与100毫升的橙汁一起放入搅拌器中粉碎。

4 装入杯中，递给顾客。

小建议 ： 正如本配方一样，将各品牌的加香茶与各种材料进行整合，这对我们来说也是一个启示。

柚子、酸橙、椰子

曾有位久居印度的企业家，让我帮忙问问有没有可以出口的柚子。在韩国、中国、日本都能够很容易地买到柚子。但在印度、东南亚、南美等地，则很难找到柚子。取而代之的，是将酸橙广泛用于菜品或饮品中。

柚子与酸橙具有各自独特的酸味，属于柑橘类（citrus），二者中挥发性香味成分的数量也相似，但除了萜烯（terpinen）类，其他成分的构成比例以及构成完全不同，因此香味能够明显区分开。

从意外的请求中得到灵感，我尝试将地缘上难以相见的材料加在一起制作饮品。由于材料本身的特性，酸味可能会较强。因此，我选择用法芙娜灵感柚子巧克力来代替柚子，加入宝茸酸橙果泥和椰子果泥，来制作一杯甘甜、类似果昔口感的饮品。

风味小贴士

柚子、酸橙、可可、柑橘类。

配料	法芙娜灵感柚子巧克力	900克（15杯量）
	宝茸酸橙果泥	50克（1杯量）
	宝茸椰子果泥	50克（1杯量）
	牛奶或酸橙汁（玛格丽特）	100毫升
	龙舌兰酒（玛格丽特）	30毫升
容量	360毫升	

1 将宝茸酸橙果泥和椰子果泥按照1：1的比例混合后，取100克放入300毫升的容器中，容器为可以放入微波炉中使用的PP容器或者硅胶容器。之后，放入零下18℃的冰柜里，冷冻6小时以上。

2 按照125页中制作白巧克力底的方法，使用法芙娜灵感柚子巧克力制作底。取170克放入①中，冷冻12小时以上。

3 将②放入微波炉中，加热20秒左右（1000W），便可轻易脱模。之后，将②与100毫升的牛奶一起放入搅拌器中粉碎。

小贴士：添加酸橙汁100毫升、龙舌兰酒30毫升来替代牛奶，可制作出冰冻玛格丽特的感觉。

4 装入杯中，递给顾客。

小建议 ：	仅是各种各样的水果果泥已可以制作出多种组合，再加上茶和利口酒，形成的组合将无法计算。因此，开发新的饮品与在菜品中创造新的风味是一脉相承的。

焦糖 & 杏仁

　　这次要介绍的是，为我所在的巧克力工坊Caramelia（意为"焦糖"）的李敏智主厨准备的限量饮品。在回基洞经营Le Chocolat正好一年的时候，我通过Instagram发布了一则公告，意图寻求一位能够一起协作的伙伴。没过多久，李敏智主厨就提出了想要一起合作的想法。托李敏智主厨的福，我现在在Caramelia工坊教授制作饮品的方法。这本书能出版，也多亏了李敏智主厨。她比我先出版了巧克力相关的书籍，还推荐了我。怀着感恩的心，我将和工坊名字一样的法芙娜巧克力作为底，按照要求，加入灵感杏仁巧克力，制作出既香甜又能感受到坚果香的魅力饮品。

风味小贴士

焦糖、杏仁、坚果、甜、有盐黄油。

配料	法芙娜焦糖巧克力	900克（单独使用时可制作15杯）
	法芙娜灵感杏仁巧克力	900克（单独使用时可制作15杯）
	吉尔德利焦糖糖浆	适量
	牛奶（制作底时使用）	3000毫升
	牛奶	100毫升
	果仁谷物	1～2茶匙
容量	360毫升	

1 按照125页中制作白巧克力底的方法，使用焦糖巧克力制作底。取135克放入300
毫升的容器中，容器为可以放入微波炉中使用的PP容器或者硅胶容器，冷冻
12小时以上。按照同样的方法，使用灵感杏仁巧克力制作底，取135克倒入冷
冻好的焦糖巧克力底中，再次冷冻12小时以上。放入微波炉中，加热20秒左右
（1000W），便可轻易脱模。

2 在杯子内壁涂上吉尔德利焦糖糖浆。

3 把杯子竖起来之后，糖浆就会自然往下流。
   小贴士：如使用高脚杯，则可以演绎出更加休闲的感觉。

4 将①和100毫升的牛奶一起放入搅拌器中粉碎，之后倒入③中。
   小贴士：可根据个人喜好，使用杏仁奶代替牛奶。

5 撒上1～2茶匙的果仁谷物，递给顾客。

小建议 ： 将各种底单独粉碎后装入瓶中，即可在饮品中演绎出层次感。

Part 07

巧克力鸡尾酒配方

在做调酒师的时候，我对巧克力的理解非常不足，
只知道一种称为"波士可可"的利口酒和"代可可脂巧克力（糖类加工品）"。
蒸馏酒和利口酒的相对密度差异不大，是混合起来没有太大难度的材料。
但由于巧克力是不带电荷的无极性材料，
所以强制混合起来非常麻烦。
之前充分了解了巧克力的特性，
从现在开始就要通过和多种酒类混合，尝试制作各种各样的巧克力鸡尾酒了。

Chocolate Cocktail Recipe

阿里巴之花

19世纪后期，瑞士巧克力制作师在逆厄瓜多尔瓜亚基尔（Guayaquil）上游探险途中遇到了一群农夫。这群农夫刚收获了可可，沿江而下。船上的可可散发出一种特别浓郁的花香，刹那间，被那香气所吸引的巧克力制作师问农夫们：

"可可是从哪来的?"

农夫用手指着经过的方向，简单地回答：

"里约阿里巴（河上游）。"

此后，在瓜亚基尔上游一带收获的可可豆以"阿里巴"的名字出口全世界，并拥有最高的人气，迎来了厄瓜多尔可可豆历史上最伟大的黄金时期。

正如上面所介绍的，现如今讨论厄瓜多尔产的最高级可可时，一定不能漏掉阿里巴。阿里巴是瓜亚基尔普通可可中的一种，是用于制作荷兰法（根据梵·豪登的可可处理法）可可粉的材料。4月到7月之间收获的可可，名为高级盛夏阿里巴（Superior Summer Arriba），这种可可具有很高的商品价值。

阿里巴传说的背景时期是19世纪后期，当时的巧克力公司将非洲产可可用于生产高级牛奶巧克力，而将其他地区的可可用于生产可可粉。由此可见，如今对阿里巴的赞美，更多地还是针对它曾经创造的厄瓜多尔可可产业黄金期而言的。我从散发花香的故事中得到了启发，制作饮品时增加了清香的柑曼怡利口酒，柑曼怡利口酒是橙香味利口酒的一种。同时，为了增强美食的享受，还添加了少量的法国盖朗德盐。利用巧克力和酒精相遇时强烈的黏性，打造如熔岩巧克力*般的饮品。

*熔岩巧克力（fondant chocolat）：英语是melting chocolate，指的是液体状态的巧克力。

_____

风味小贴士
咖啡、黑巧克力、甜、爱尔兰奶油。

配料	可可百利花语黑巧克力	50克
	牛奶	50毫升
	柑曼怡利口酒	15毫升
	盖朗德盐	一小撮
容量	100毫升	

1 将50克的可可百利花语黑巧克力放入量杯中。

2 用咖啡机的蒸汽将50毫升的牛奶打发至60~65℃，加入①中，使之完全浸没。

3 用三角打泡器充分搅拌。

4 将③放入微波炉中，加热20~30秒。

5 向④中加入15毫升的柑曼怡利口酒。

6 用三角打泡器充分搅拌后，倒入杯中。

　　小贴士：因为是高黏度的饮品，所以要用小铲子刮干净。

7 加入一小撮盖朗德盐。

8 与小勺一起递给顾客。

【酒精度数（%，体积分数）计算方法】

$$酒精度数 = \frac{（材料的酒精度数 \times 使用量）+（材料的酒精度数 \times 使用量）}{材料的总使用量} \times 100\%$$

举例来说，使用材料为黑巧克力50克、柑曼怡利口酒（酒精度数40%）15毫升、牛奶50毫升的饮品，代入以上公式进行计算，可以计算出该饮品的酒精度数为5.2%。

$$\frac{(0 \times 50)+(40 \times 15)+(0 \times 50)}{50+15+50} \times 100\% = \frac{600}{115} \times 100\% = 5.2\%$$

爱尔兰奶油咖啡摩卡

　　摩卡（阿拉伯语，al-Mukhā）原是也门出口咖啡的港口城市的名字，这里生产的咖啡与巧克力有着相同的香味。以此为主题，在意式浓缩咖啡中加入巧克力糖浆。这样做成的稍加变化的菜单，成了现在所有咖啡店中随处可见的菜单。

　　为了制作出区别于普通摩卡咖啡的高级菜单，我将意式浓缩咖啡与巧克力混合，用巧克力来替代我们平时常见的糖浆（糖类加工品）。之后，将加入了爱尔兰奶油和威士忌的百利酒(Bailey's)制作成奶油，放在刚才做好的饮品上，进一步提升饮品柔和的口感。

　　咖啡或可可在烘焙阶段产生的美拉德反应是咖啡中散发巧克力香的原因。美拉德反应后半部分——斯特雷克降解过程中集中生成的吡嗪类化合物，是构成巧克力独特香味的主要成分。

风味小贴士

咖啡、黑巧克力、甜、爱尔兰奶油。

配料	嘉利宝黑巧克力粒	40克
	牛奶	100毫升
	牛奶（装饰用）	50毫升
	单份意式浓缩咖啡	40毫升
	百利酒	30毫升
	咖啡豆或可可粉（装饰用）	适量
容量	200毫升	

1 将40克嘉利宝黑巧克力粒放入量杯中。

2 将用咖啡机萃取的单份意式浓缩咖啡倒入①中，用三角打泡器充分搅拌。

   小贴士1：意式浓缩咖啡和巧克力的比例为1：1比较合适。

   小贴士2：将意式浓缩咖啡、巧克力、奶油以1：1：1的比例，利用飘浮技法垒起来。这样，皮埃蒙特语中表示"小杯"的都灵巧克力咖啡就完成了。

3 用咖啡机的蒸汽将100毫升的牛奶打发至60~65℃，加入②中。

4 用三角打泡器充分搅拌，放入微波炉中加热20~30秒。

5 微波炉加热的同时，向法式滤压壶中加入50毫升牛奶，打发至两倍以上的体积。

   小贴士：将法式滤压壶提前冷藏保存，制作起来更加容易。法式滤压壶添加牛奶，当天可继续使用，结束营业时用洗涤剂清洗。

6 将⑤和30毫升的百利酒一起倒入小的量杯中，用电动迷你打泡器打发成奶油状。

7 再次用三角打泡器将④充分搅拌，倒入杯中。

8 将⑥加入⑦中，使之填满。

9 用一颗咖啡豆或可可粉装饰后，递给顾客。

小建议 ： 提供冰饮品时，将153页"冰炼乳咖啡巧克力"制作过程中的炼乳去掉，剩余过程按照同样的方式制作后，加入步骤6的百利酒奶油，递给顾客。

流动的萨赫

　　这是一款将奥地利最具代表性的巧克力蛋糕——萨赫蛋糕（Sachertorte）以液体形式表现出来的热巧克力。这款饮品在浓黑巧克力底基础上，加入了宝茸杏子果泥，用苦杏酒做成奶油，倒在上面。由于发音的问题，有时会误把苦杏酒当成是杏仁利口酒。其实它本来的意思是表示"苦味"的"amaro"，指的是包括杏仁在内的所有核果（桃子、李子、杏等）。

风味小贴士

黑巧克力、杏、奶油般。

配料	嘉利宝黑巧克力粒	20克
	梵豪登深棕可可粉	20克
	牛奶	200毫升
	牛奶（装饰用）	50毫升
	宝茸杏子果泥	20克
	苦杏酒	15毫升
容量	300毫升	

1 将嘉利宝黑巧克力粒和梵豪登深棕可可粉各20克，共计40克放入量杯中。

2 用咖啡机的蒸汽将200毫升牛奶打发至60～65℃。

3 加入牛奶，使①完全浸没在②中，用三角打泡器充分搅拌。

4 ③充分熔化后，加入20克宝茸杏子果泥，再次用三角打泡器充分搅拌。

5 将④放入微波炉中，加热20～30秒。

6 微波炉加热的同时，向法式滤压壶中加入50毫升牛奶，打出奶泡。

7 将⑥和15毫升的苦杏酒一起倒入小量杯中，用电动迷你打泡器打发成奶油状。
小贴士：为了使饮品更加美观，添加了食用色素。

8 将⑤搅拌均匀后放入杯中。

9 把⑦像画画一样旋转着倒在⑧上。

小建议 ：	制作无酒精饮品时，事先将苦杏酒和杏子果泥一起火烧*。冷却后，使用调味汁容器分成小份使用。 *火烧（flambé）：用猛火烹饪的料理中，通过红酒等中的酒精去除腥味、增加风味的烹调方法。

蜂蜜糖

　　曾经有一个多月的时间，我都处于无法开发新配方的低迷状态。有一天，早晨上班路上，因重感冒几周来一直苦不堪言的老顾客尚宪希望我能为他制作限量饮品。不知是否是他的从Instagram ID（honeydang，爱称是尚"哈尼"）中获得了启发，放在搁板上的蜂蜜立马映入了我的眼帘。为了帮助他治疗感冒，我立即开始制作喝了能够使身子立马暖和起来的饮品。

　　蜂蜜中的铁与巧克力中含有的单宁成分相遇时，会变成单宁酸铁一起排出体外。因此，为了更好地摄取营养成分，使用白巧克力的同时加入少许柠檬油和添加了60种苏格兰威士忌、石楠蜂蜜、草本植物的杜林标利口酒。只需要5分钟的时间，一杯饮品就制作完成了。尚宪非常喜欢这款饮品，我也因此重新获得了自信。从蜂蜜糖开始，我又开始不断开发新的饮品了。那时别人经常建议我，如果我重新开咖啡店的话，一定要把蜂蜜糖作为相亲菜单。杜林标利口酒用盖尔语来说就是"Buidheach（令人满意的饮品）"，从这个意义上来看，别人的建议还是有道理的。我想这款饮品与相亲是非常配的。

风味小贴士

温暖、蜂蜜、甜、酸、石楠。

配料	可可百利白绸白巧克力	40克
	杜林标利口酒	30毫升
	蜂蜜	适量
	柠檬片	1片
	柠檬油	3~4滴
	牛奶	200毫升
容量	300毫升	

1 将40克可可百利白绸白巧克力放入量杯中。

2 用咖啡机的蒸汽将200毫升牛奶打发至60~65℃，加入牛奶，使①完全浸没。

3 用三角打泡器充分搅拌。

4 将③放入微波炉中，加热20~30秒。

5 微波炉加热的同时，准备一片柠檬片放在杯子底部。

6 向④中加入3~4滴柠檬油。

7 用三角打泡器充分搅拌后，倒入⑤中。

8 加入30毫升杜林标利口酒，轻轻搅拌4~5次。

9 在饮品上像画圈一样淋上些蜂蜜，递给顾客。

小建议 ： 类似杜林标利口酒的其他药草类利口酒，也可大胆地用于和巧克力的组合中。一定要记住的是，想要创新时，利口酒是最好的选择。

白啤

对于老顾客来说，Le Chocolat是结束一天工作后可以休息一会儿的像厢房一样的空间。经营Le Chocolat也有差不多1年的时间了，也有了很多相处融洽的老顾客。他们下班之后还会经常买来各自爱喝的啤酒，举办"BYOB（bring your own booze）"派对。白啤是为喜欢白啤1664的翊贤专门准备的限量饮品。将白啤1664和冰白巧克力底一起冷冻后，为了凸显白啤特有的橙子风味和颜色，额外添加了蓝橙利口酒糖浆，再在其中添加安歌斯图拉苦橙利口酒和橙皮，打造出冰冻鸡尾酒的感觉。

风味小贴士

橙子、冰啤酒、新鲜、柑橘类、苦橙。

配料	白巧克力底	装满容器
	白啤1664	100毫升
	牛奶（使用搅拌器时）	100毫升
	蓝橙利口酒糖浆	30毫升
	安歌斯图拉苦橙利口酒	5~6滴
	橙子皮	适量
容量	360毫升	

1 将100克白啤1664放入300毫升的容器中，容器为可以放入微波炉中使用的PP容器或者硅胶容器。装好后放入零下18℃的冰柜里，冷冻6小时以上。

小贴士：充分去除碳酸后冷冻，冰质会变得更加坚硬。

2 将白巧克力底加入到①中，冷冻12小时以上。

小贴士：冷冻时碳酸会流失，产生很多空间，请装满容器。

3 将②放入微波炉中，加热20秒左右（1000W），便可轻易脱模。加入100毫升的牛奶、30毫升的蓝橙利口酒糖浆、2dash的安歌斯图拉苦橙利口酒（dash是握住瓶子的状态下，洒两次的意思，1dash大约是五六滴的量），粉碎后倒入杯中。

4 利用果皮刨将橙子皮刨薄。

5 在饮品和杯子周边，做橘皮捻（twist of orange peel，通过拧橘皮挤出汁的方法）。

6 将橘皮捻在杯子周边涂一下，或者拧一下装饰在杯子周边，递给顾客。

小建议	：	饮品的温度越低，散发的香气就会越弱。本配方以白啤1664的橙皮香味为主题，从各个过程不断补充香味，使之更加鲜明。

可来颂

在苏格兰，有一种把名为苏格兰软奶酪（crowdie）的白干酪和蜂蜜、烤燕麦、奶油混合起来的早餐。以此为主题，为了纪念6月份树莓秋收，用树莓、苏格兰威士忌制成的可来颂，发展成为最具苏格兰风味的特别甜点。

用法芙娜灵感树莓巧克力制成底，将燕麦与蜂蜜一起填充于中间层，最后使用威士忌奶油收尾。这样，一杯和酸奶口感类似的"甜点饮品"就完成了。

光是从材料来看，就可以说是"当之无愧的苏格兰甜点之王（the uncontested king of Scottish dessert）"了。品尝了JL甜点吧重新诠释的摆盘甜点可来颂后，我以此为主题，制作了给贾斯汀主厨的限定饮品。

风味小贴士

树莓、蜂蜜、奶油、嘎嘣嘎嘣、苏格兰威士忌。

配料	法芙娜灵感树莓巧克力	900克（15杯量）
	燕麦片（木斯里[1]）	适量
	威士忌（木斯里）	适量
	牛奶（使用搅拌器时）	70毫升
	牛奶或者鲜奶油（装饰用）	70毫升
	蜂蜜	适量
	红石榴糖浆	30毫升
	威士忌（奶油用）	15毫升
容量	360毫升	

1 将燕麦片泡在苏格兰威士忌中。

2 按照125页中制作白巧克力底的方法，使用法芙娜灵感树莓巧克力制作底。取170克放入300毫升的容器中，容器为可以放入微波炉中使用的PP容器或者硅胶容器，冷冻12小时以上。

3 将①放入微波炉中，加热20秒左右（1000W），便可轻易脱模。和70毫升的牛奶一起放入搅拌器中，粉碎后装入杯中，将①倒在上面。

4 倒入适量的蜂蜜。

5 将70毫升用法式滤压壶打发的奶油和15毫升的威士忌倒入小的量杯中。
小贴士：鲜奶油和牛奶按照1：1的比例混合，一半对一半，可以打造出更加有厚重感的奶油。

6 使用迷你打泡器搅拌，制作威士忌奶油。

7 将⑥倒在饮品最上面，递给顾客。

小建议 :	加入树莓果泥制成底后，饮品的黏性会进一步提高，用燕麦片做装饰也更加容易些。

---

1 译者注：发源于瑞士的一种流行营养食品，主要由未煮的麦片、水果和坚果等组成。

柠檬 & 罗勒格兰尼塔

　　老顾客熊彬说教师节到了，给我送来了罗勒花盆。虽然有点意外，但是对于经常苦恼新配方的我来说，这种意外的礼物是可以给我带来灵感的材料。在100%的鲜柠檬汁中加入罗勒叶、干罗勒和香槟后，冷浸24小时，香槟的碳酸使罗勒香更加浓郁。再加入白巧克力底，冷冻后粉碎。这样，意大利式刨冰格兰尼塔冰糕（granita）就完成了。格兰尼塔与甘甜的雪葩（sorbet，一种西式甜品）不同，由于它是用高水分、低糖度的水果做成的，所以结冰后会产生很多冰晶。这种冰晶和花岗岩（granite）的石英结晶体结构相似，因此得名。

风味小贴士

甜&酸、清凉薄荷。

1

2

3

4

5

配料	白巧克力底（参见125页）	170克
	宝茸柠檬果泥	1千克（1升）
	罗勒叶	30克
	干罗勒	15克
	香槟	750毫升
	牛奶或者苏打水（使用搅拌器时）	100毫升
	薄荷油	适量
	柠檬（装饰用）	适量
容量	360毫升	

1 在1升的宝茸柠檬果泥中，加入罗勒叶30克、干罗勒15克、香槟750毫升，密封后冷浸一天。

小贴士：不使用柠檬果泥，使用直接榨的柠檬汁也无妨。

2 将100克的①放入300毫升的容器中，容器为可以放入微波炉中使用的PP容器或者硅胶容器。装好后放入零下18℃的冰柜里，冷冻12小时以上。

小贴士：充分去除碳酸后冷冻，冰质会变得更加坚硬。

3 将170克按照125页的方法制作完成的白巧克力底加入②中，冷冻12小时以上。之后，放入微波炉中，加热20秒左右（1000W），便可轻易脱模。

4 将③和100毫升的牛奶或苏打水加入搅拌器中进行粉碎。

小贴士1：使用搅拌器进行粉碎，使人能从最终的成品能够感受到冰晶。可以用香槟或红酒代替牛奶或苏打水，制作高级菜单。

小贴士2：用搅拌器粉碎时，适当添加薄荷油，可打造清凉感更强的饮品。

5 倒入杯中，用柠檬做装饰后，递给顾客。

小建议	：	柠檬和罗勒的组合象征着新鲜。再加上薄荷，这种清凉感是在任何地方都无法轻易体验到的。

挚友

有两位顾客总是约好一起来Le Chocolat。他们是从配方研发阶段就经常光顾的老顾客了，我想用限量饮品的方式来回报他们，因此特意让他们推荐一下制作饮品的材料。

一位推荐了野草莓，另一位推荐了荔枝。刚开始想用两种食材分别制作两款限量饮品，但他们两人一起来的样子让人非常羡慕。所以取"深厚友情"之意，将饮品的名字定为挚友，将不同水果的特征融入一款饮品中。

由于其他食材的风味可能会被树莓的浓烈掩盖掉，所以粉碎时添加了荷兰产贵妃荔枝利口酒和玫瑰水，使香味能够持久。这是一款应用鸡尾酒的直调法制作的饮品。

风味小贴士

黑加仑、黑巧克力、果香。

1

2

3

4

配料	黑巧克力底（参见121页）	190克
	宝茸荔枝果泥	40克（1杯量）
	宝茸树莓果泥	40克（1杯量）
	贵妃荔枝利口酒	30毫升
	苏打水（使用搅拌器时）	100毫升
	玫瑰水或者莫林玫瑰糖浆	10毫升
容量	150毫升×2（2人份）	

1 将宝茸荔枝果泥和树莓果泥按照1∶1的比例混合，取80克放入300毫升的容器中，容器为可以放入微波炉中使用的PP容器或者硅胶容器。装好后放入零下18℃的冰柜里，冷冻6小时以上。

2 将190克按照121页的方法制作完成的黑巧克力底加入①中，冷冻12小时以上。之后，放入微波炉中，加热20秒左右（1000W），便可轻易脱模。

3 将②和100毫升的苏打水、10毫升的玫瑰糖浆、30毫升的贵妃荔枝利口酒加入搅拌器中进行粉碎。

小贴士：用碳酸水代替牛奶，材料本身的香味会变得更加明显。

4 倒入杯中，递给顾客。

小建议 ： 本款是将荔枝、树莓、玫瑰香的特征一起放大的饮品。比起牛奶，我更推荐用苏打水。

椰林飘香

　　椰林飘香在西班牙语中意为"菠萝茂盛的山丘"，指一款在夏季可以享受清凉的鸡尾酒。在白巧克力底中加入椰子果泥，最大限度地突出冰饮品带来的刺激感。同时，加入和名字相对应的菠萝圈和菠萝汁，增添甜蜜感。如果想要做一杯像样的椰林飘香需要11种以上的材料，所以我在这里介绍的是，使用椰林飘香糖浆简单制作的方法，再加点朗姆酒，一杯巧克力鸡尾酒就完成了。

风味小贴士

菠萝、牛奶、奶油般、热带风味。

配料	白巧克力底（参见125页）	180克
	椰林飘香糖浆	30毫升
	椰汁	30毫升
	宝茸椰子果泥	30毫升
	迷你菠萝圈	2个
	菠萝汁	100毫升
	朗姆酒	根据口味选择添加
	迷你菠萝圈（装饰用）	1个
	干燥的椰子果肉（装饰用）	适量
容量	360毫升	

1 将椰林飘香糖浆、椰汁、宝茸椰子果泥按照1∶1∶1的比例混合，取90克放入300毫升的容器中，容器为可以放入微波炉中使用的PP容器或者硅胶容器。装好后放入零下18℃的冰柜里，冷冻6小时以上。

2 将180克按照125页的方法制作完成的白巧克力底加入①中，冷冻12小时以上。之后，放入微波炉中，加热20秒左右（1000W），便可轻易脱模。

3 将②和两个迷你菠萝圈、100毫升的菠萝汁、朗姆酒（选用）一起加入到搅拌器中进行粉碎。

4 倒入杯中。

5 用菠萝和干燥的椰子果肉装饰之后，递给顾客。

小建议	：	添加朗姆酒，便可以做成像鸡尾酒一样。用伏特加代替朗姆酒的话，就可以做成被称为"chi chi"的鸡尾酒。

完美粉色

　　这是一款以爱尔兰都柏林的特产百特乐（Butler's）巧克力为主题开发的饮品。我们店的老顾客宰圣比任何人都要喜欢我做的饮品。有一次他给了我一块巧克力让我尝尝味道，我从中得到启发，作为回报，我开发了这款限量饮品。在树莓果泥中加入红石榴糖浆，增加甜蜜的香味和鲜红的色彩。用法芙娜灵感树莓巧克力来代替最初使用的白巧克力底；加入散发苦味的意大利红色利口酒金巴利，适当地调节甜味，打造更加高级的感觉。

风味小贴士

树莓、红石榴糖浆、金巴利苦味利口酒。

配料	法芙娜灵感树莓巧克力	900克（15杯量）
	牛奶（做底用）	3000毫升
	牛奶或者汤力水（使用搅拌器时）	100毫升
	宝茸树莓果泥	80克（1杯量）
	金巴利	20毫升
	红石榴糖浆	30毫升
容量	360毫升	

1 将80克的宝茸树莓果泥放入300毫升的容器中，容器为可以放入微波炉中使用的PP容器或者硅胶容器。装好后放入零下18℃的冰柜里，冷冻6小时以上。

2 按照125页中制作白巧克力底的方法，使用法芙娜灵感树莓巧克力制作底。取190克放入①中，冷冻12小时以上。之后，放入微波炉中加热20秒左右（1000W），便可轻易脱模。

3 将②和100毫升的牛奶、30毫升的红石榴糖浆、20毫升的金巴利一起加入到搅拌器中进行粉碎。

小贴士：使用汤力水代替牛奶，散发些许苦味、极具魅力的金巴利汤力就完成了。

4 倒入杯中，递给顾客。

小建议 ： 巧克力饮品不一定非要使用牛奶。牛奶搅拌得越多，脂肪球数量就越多，随之产生的泡沫就越多。使用汤力水的话，由于糖分的作用，黏性增加，可以制作出密度更高的饮品。产生的泡沫和牛奶相比，也会相对较少。

巴娜尼亚

巴娜尼亚原是法国药剂师皮埃尔-弗朗索瓦·拉尔德（Pierre-François Lardet）在1914年首次将香蕉和可可结合后推出的可可粉产品的名字。

因为没有机会亲自品尝，所以我用黑巧克力和香蕉做了测试。香蕉的泡沫难以去除，所以这里用宝茸香蕉果泥和波士香蕉利口酒为基础，尝试制作出了白巧克力饮品。也可不完全按照配方的要求，根据个人喜好，加入椰子、酸橙、芒果、西番莲、橙子利口酒等各种水果材料，打造滋味丰富的饮品。

风味小贴士

香蕉、牛奶般。

配料	白巧克力底（参见125页）	180克
	宝茸香蕉果泥	90克（1杯量）
	牛奶（使用搅拌器时）	100毫升
	波士香蕉利口酒	15毫升
容量	360毫升	

1 将90克的宝茸香蕉果泥放入300毫升的容器中，容器为可以放入微波炉中使用的PP容器或者硅胶容器。装好后放入零下18℃的冰柜里，冷冻6小时以上。

2 将180克按照125页的方法制作完成的白巧克力底加入到①中，冷冻12小时以上。之后，放入微波炉中加热20秒左右（1000W），便可轻易脱模。
小贴士：也推荐用法芙娜灵感西番莲巧克力来制作底的方法。

3 将②和100毫升的牛奶、15毫升的波士香蕉利口酒一起加入到搅拌器中进行粉碎。

4 倒入杯中，递给顾客。

小建议	:	用红石榴糖浆和草莓果泥代替波士香蕉利口酒，用搅拌器粉碎，就能制作出一杯称为"金奖牌得主"的无酒精鸡尾酒饮品。